AF619477

# L'ART

# D'EXTRAIRE LA FÉCULE

DES

# POMMES DE TERRE.

*Ouvrages du même Auteur :*

L'ART DE FAIRE LA BIÈRE, ouvrage élémentaire, théorique et pratique, mis à la portée de tout le monde, donnant les moyens de faire la bière en toutes saisons, avec nombre de végétaux, etc. ; 1 vol. in-8°.

TRAITÉ THÉORIQUE ET PRATIQUE DE VINIFICATION, ou Art de faire du Vin avec toutes les substances fermentescibles, en tout temps et sous tous les climats, etc. ; 1 vol. in-12.

*Se trouve aussi à Bordeaux,*

CHEZ GASSIOT FILS AINÉ,

Fossés de l'Intendance.

IMPRIMERIE DE HUZARD-COURCIER,
rue du Jardinet, n° 12.

# L'ART
# D'EXTRAIRE LA FÉCULE
DES
# POMMES DE TERRE,

Ses usages dans l'économie domestique, sa conversion en sirop, sucre, vin, eau-de-vie et vinaigre ; son emploi dans la fabrication de la bière, du cidre, dans les apprêts, la chapellerie, la boulangerie, les arts chimiques, etc. ;

Avantage que procure cette opération aux cultivateurs ; divers emplois remarquables de ses résidus.

AVEC PLANCHES.


Par L. F. DUBIEF,

Manufacturier, Auteur œnologue, Membre de plusieurs Sociétés savantes, etc.





PARIS,

BACHELIER, LIBRAIRE POUR LES SCIENCES,
QUAI DES AUGUSTINS, N° 55 ;

A BRUXELLES,

A LA LIBRAIRIE PARISIENNE, RUE DE LA MADELEINE, N° 438

1829

# L'ART
## D'EXTRAIRE LA FÉCULE
### DES
## POMMES DE TERRE.

## INTRODUCTION.

Encouragé par l'accueil flatteur que le public a daigné accorder aux Traités que j'ai successivement donnés, de l'Art de faire la Bière, et sur la Vinification, et pour répondre aux diverses invitations qui m'ont été faites de décrire chacune des opérations qui constituent l'art de fabriquer, ou plutôt d'extraire la fécule des pommes de terre, je vais essayer de faire connaître les moyens les plus simples, les plus sûrs et les plus prompts, que l'expérience a consacrés, et ceux auxquels la pratique et l'observation m'ont conduit à donner une préférence éclairée, non-seulement dans l'extraction de ce produit, mais encore dans sa conversion principale en sirop propre aux distilleries, et dans son emploi, non moins intéressant, que j'ai provoqué dans la fabrication de la bière, du cidre, des liqueurs de table, et dans les usages domestiques.

Outre sa consommation naturelle, les nouvelles et fécondes applications de la fécule dans les arts ont donné à cette branche d'industrie une importance qui deviendra plus universelle à mesure que ses emplois variés seront judicieusement appréciés et mis en usage dans un plus vaste cercle; car c'est à peu près encore dans celui de la capitale qu'ils se trouvent restreints, et c'est aussi dans les communes qui l'environnent que la culture des pommes de terre a pris une extension considérable, en partageant les résultats avantageux de ces branches d'industrie, qui viennent y puiser un aliment et en étendre les débouchés : exemple heureux et fécond, que nos départemens et l'étranger même devront imiter, alors qu'ils auront aperçu les sources de prospérité qui découlent de la fabrication dont je traite.

En faisant connaître les procédés qu'il faut préférer pour extraire convenablement toute la fécule des pommes de terre, j'indiquerai les moyens de tirer le meilleur parti des résidus de ce travail, pratiqué à la ville ou dans la campagne; je donnerai un compte simulé de fabrication, qui fera ressortir les avantages qui leur sont propres.

Je passerai ensuite aux emplois divers de la fécule dans les préparations alimentaires, les arts économiques, la fabrication du sirop, du vin, de la bière, de l'eau-de-vie, etc., etc.

Quelques détails sur les différentes substances qui la produisent ne seront pas sans intérêt, comme un aperçu sur la culture des pommes de terre et de son analyse : heureux de rappeler et d'indiquer aux cultivateurs les ressources nouvelles et positives que peut leur offrir la culture d'une plante si précieuse; aux industriels, des moyens inépuisables de prospérité; à la société, enfin, le désir que j'ai de me rendre utile.

## CHAPITRE PREMIER.

### *Des divers moyens d'extraire la fécule des pommes de terre.*

Aussi long-temps que la fécule n'a eu d'autre emploi que dans la Médecine et dans l'économie domestique, comme substance à la fois nutritive, diurétique et d'une digestion facile, l'opération de son extraction se faisait simplement à la main, à l'aide d'une râpe en fer-blanc, ou de moulins à râpes qui plongeaient dans l'eau; la pulpe qui provenait se divisait dans une grande quantité d'eau pour lui enlever toute sa partie extractive; la fécule, la partie pulpeuse et l'épiderme de la pomme de terre, en d'autres termes la fécule et le parenchyme déposés par le repos, on en décantait l'eau surnageante, qu'on renouvelait; on démêlait bien le tout, et l'on séparait ensuite la fécule du parenchyme, en faisant passer le mélange sur un tamis; la fécule se précipitait bientôt; on décantait l'eau pour sortir la fécule, que l'on divisait en petites masses dans des paniers garnis d'une toile, et on la faisait sécher, d'abord à l'air, puis à l'étuve.

Dans la Médecine, son emploi se bornait dans la pâte de guimauve, les sucs de réglisse, les pastilles, les pilules, etc.; dans l'usage domestique, pour les potages au gras et au maigre, pour les crèmes, les biscuits, le chocolat, la pâtisserie, etc. Mais depuis que les arts du parfumeur, du fabricant de produits chimiques, de l'apprêteur, de l'imprimeur d'indiennes, etc., l'ont adoptée comme substance auxiliaire et indispensable dans leur travail, sous le rapport de l'économie, et sont venus, concurremment avec les distillateurs d'eau-de-vie et les brasseurs, rechercher ce produit et lui donner une application qu'il n'avait pas, l'intérêt, suivant ce besoin rapide et inattendu de production, a rallié l'industrie pour se prêter à l'important accroissement d'un commerce naguère si borné, et donnant à ce travail une face nouvelle, a dû rendre bientôt tout-à-fait manufacturière l'opération de l'extraction de la fécule.

Ce besoin se fit sentir dès la découverte de la saccharification de l'amidon et de la fécule, à l'aide de l'acide sulfurique, en 1811, par Kirchoff; découverte qui serait sans doute devenue la mienne un peu plus tard (1), que Lampadius

(1) A cette époque, j'avais déjà traité la fécule par

appliqua à la confection de cette substance en eau-de-vie. Cette singulière et importante amélioration dans la fabrication des eaux-de-vie de pommes de terre, ou plutôt ce procédé tout nouveau, par lequel on peut retirer indirectement de ce tubercule un esprit comparable à celui du vin, fut bientôt saisi et exploité en grand, dans de nombreuses et importantes distilleries qu'on vit s'élever à Paris.

Alors on vit essayer, sans beaucoup de succès, les meules, les pilons, les cylindres cannelés,

---

l'acide sulfurique ou huile de vitriol; mais le produit que j'en avais obtenu n'était pas sucré, il n'était encore que gommeux. Trop jeune encore, ou plutôt alors trop occupé de la fabrication du sucre de raisin, et principalement du sucre de miel, que j'exploitais en grand, je négligeai de perfectionner mes essais, et l'honorable découverte de convertir l'amidon et la fécule en substance sucrée fut annoncée par l'habile chimiste russe que j'ai nommé plus haut.

J'avais aussi, à la même époque, opéré sur des farines de riz, de froment, de seigle, d'orge, de blé de Turquie, et sur le résidu ou la drèche épuisée des brasseurs; toutes ces substances ne me fournissaient encore qu'une sorte de colle transparente et gommeuse. Le commerce sait que je suis parvenu depuis à les convertir, ainsi que la fécule et l'amidon, en sirop absolument inodore, incolore et sans amertume.

les instrumens tranchans. Ceux-ci paraissant remplir le but, les mécaniciens proposèrent des râpes mécaniques. Celle de Burette fut la seule adoptée par les féculistes et par les distillateurs, et c'est elle qui, avec quelques légers changemens qui l'ont simplifiée, est encore aujourd'hui mise en usage dans presque tous les établissemens de ce genre, quoiqu'on en remarque cependant quelques-unes d'un grand mérite, de M. Odobbel et de M. Moullefarine, de Paris.

Le râpage de la pomme de terre n'était pas la seule opération à perfectionner; il fallait aussi arriver au but important de séparer complètement la fécule du parenchyme, puis apporter à l'épuration et au séchage de la fécule des modifications indispensables.

Burette, que j'ai déjà cité, inventa et fit exécuter, dans ses ateliers, des bluteaux garnis de toiles métalliques, dans l'intérieur desquels des cloisons disposées en hélice formaient une sorte de vis d'Archimède. La pulpe était introduite, d'une manière continue, par une extrémité de la vis; un tube en métal, ouvert, perforé de trous sur toute sa surface, et servant d'axe au blutoir cylindrique, distribuait de l'eau dans toutes les parties; le liquide, chargé de fécule, tombait dans un vase disposé pour la recevoir, et la pulpe épuisée sortait à l'autre bout du bluteau. Cette machine, plus expéditive que le lavage dans les tamis, par charges interrompues, n'a pas été sans doute suffisamment perfectionnée dans son exécution, puisque son usage ne s'est répandu ni dans les fabriques de fécule ni dans les distilleries.

M. Saint-Étienne, homme instruit dans l'art du féculiste, frappé de cette même idée d'accélérer le tamisage de la pulpe des pommes de terre, fit depuis Burette de nombreux essais, et paraît être arrivé à un point plus satisfaisant. Il en obtint un brevet d'invention de cinq ans, en janvier 1826.

Nous voilà donc aussi arrivé au perfectionnement du tamisage de la pulpe; celui d'épuration de la fécule, dit *rafraîchissage* en terme de l'art, s'est en partie amélioré successivement par la pratique. Reste encore celui du séchage de la fécule : on verra, dans les chapitres suivans, les moyens d'amélioration qu'on a apportés, et ceux qu'il est possible d'apporter encore.

La fabrication ou extraction de la fécule se divise donc en cinq opérations bien distinctes :

1°. Le lavage des pommes de terre;

2°. Le râpage;

3°. Le tamisage;

4°. Les rafraîchis ou l'épuration de la fécule.

5°. Du séchage de la fécule.

Je vais les faire connaître séparément dans les sections suivantes, et entrer en fabrication en même temps.

## SECTION PREMIÈRE.

### *Du Lavage des pommes de terre.*

Le lavage des pommes de terre a pour objet la séparation de toute la terre et du sable qui s'y trouvent attachés; dès lors, tout moyen prompt et économique peut être employé. Tel serait un tonneau ferré ou un cylindre percé d'une multitude de trous, tournant sur un axe placé à son centre et sur sa longueur, dans un bassin ou un courant d'eau.

La charge des pommes de terre se ferait par une trappe jusqu'à la moitié du tonneau, qu'à l'aide d'une manivelle placée à l'un des bouts de son axe, on ferait tourner plus ou moins de temps, suivant que les tubercules seraient plus ou moins sales. Pour retirer ensuite les tubercules, on enlèverait le tonneau à l'aide d'une grue mobile, ou de tout autre moyen.

#### OPÉRATION.

A Paris, le lavage s'exécute dans des tonneaux défoncés par un bout, placés sur une seule rangée, au nombre de quatre à six et même plus, suivant l'importance de l'établissement et l'état de malpropreté de la pomme de terre. On les charge de ces tubercules que l'on recouvre d'eau; une demi-heure après, on agite le dessus du premier tonneau avec une pelle percée de trous de 9 lignes de diamètre, et à mesure que la pomme de terre se trouve nettoyée, on l'enlève, d'abord au moyen de la même pelle, ensuite à l'aide d'un seau également percé. Arrivé à la fin du tonneau, on en jette l'eau, on le rince et on le remplit d'eau ainsi que de nouvelles pommes de terre. On passe alors au deuxième tonneau, et ainsi de suite, pour revenir au premier et continuer de la sorte; de manière qu'à la fin de la journée les tonneaux se trouvent chargés pour le travail du lendemain.

A l'aide de cette manœuvre, qui est très expéditive, un seul homme peut entretenir de pommes de terre deux râpes à bras, faisant chacune 20 setiers par jour (1), de 150 kilogrammes

---

(1) La journée est de 5 heures du matin à 7 heures du soir; soit deux heures pour les repas et douze heures pour le travail, réparties de 5 à 9 heures, un tiers; de 10 à 2 heures, le deuxième tiers; et de 3 à 7 heures, pour le restant de la journée.

(300 livres), ou une seule, faisant 40 setiers, à l'aide d'un manége.

Les pommes de terre ainsi lavées sont jetées au fur et à mesure, par le même ouvrier, sur le plancher de la trémie de la râpe : c'est là que commence l'opération du râpage.

Voici comment on l'opère.

## SECTION II.

### *Du Râpage des pommes de terre.*

Le râpage est le déchirement ou la division des tissus ou fibres de la pomme de terre, afin de donner sortie à la fécule contenue dans ce tubercule.

C'est de cette opération que dépend le plus de produit en fécule : en effet, si la pomme de terre est râpée gros, ou si la pulpe en est comme filandreuse, si elle laisse apercevoir des morceaux échappés au râpage, elle ne rendra pas autant de fécule que si elle est dans un état de plus grande division.

Il est donc essentiel d'avoir une excellente râpe. Reportons-nous à celle de Burette, comme la plus estimée.

#### *Description de la râpe.*

La fig. 1, pl. 1, indique la construction de

cette râpe avec ses perfectionnemens. On voit que toutes les parties du mécanisme sont disposées sur l'assise supérieure d'un bâti solide en chêne ABCD.

Ces parties se composent d'un cylindre E de 15 jusqu'à 21 pouces de diamètre, sur 8 pouces de longueur, plein, en pierre dure, en bois, ou bien en fonte à claire-voie, traversé par un axe qui repose sur les deux côtés longs du bâti, garni sur toute sa circonférence de lames de scies de 8 pouces de long, espacées de 9 à 12 lignes, parallèles à l'axe et séparées par des tasseaux en bois; les lames et les tasseaux sont fixés sur le cylindre à l'aide de vis en fer.

L'axe de ce cylindre, qui tourne dans des coussinets, porte à l'un de ses bouts un pignon en fer F, de quinze dents, lesquelles engrènent dans celles d'une roue pareillement en fer G de cent cinq dents; une manivelle de 16 à 18 pouces est adaptée à chacune des extrémités de l'axe de cette roue, et permet à deux hommes de mettre le cylindre en mouvement (1).

(1) La majeure partie des établissemens de notre ville ne se servent que d'une seule râpe, qui est mue par un manége tiré par un seul cheval, et par deux chevaux lorsque le manége fait mouvoir la pompe à eau en même

Sous ce cylindre est placée une sorte d'orge ou bavette en bois H, inclinée de manière à renvoyer la pulpe obtenue dans une caisse ou un baquet I, tenant lieu de récipient.

Sur la même face du bâti, et à 1 pouce et demi du centre de la circonférence du cylindre, est placé un tasseau de rencontre, dit *tasseau de contact* J, qui d'un côté affleure le cylindre, et de l'autre dépasse le bâti de quelques pouces. Ce tasseau jouant, à l'aide d'une mortaise faite dans son milieu, autour d'un boulon en fer et à écrou, on peut le tenir éloigné ou rapproché du cylindre, selon le besoin.

Toutes les parties de la machine qui surmontent le bâti sont recouvertes d'un capuchon ou bâti en planches minces KLM, vu en coupe dans la même figure.

Cette enveloppe, divisée en deux cases par des cloisons, présente à l'arrière une caisse KLN, servant de siége à l'enfant qui doit engrener, et forme sur le devant une trémie LM, dans la-

---

temps. A la campagne, on pourrait remplacer les chevaux par des bœufs.

M. Thomas de Lille est le seul qui se sert d'une machine à vapeur pour le service de sa féculerie, établie à Bondi, près Paris.

quelle l'enfant jette les pommes de terre, pour y être râpées. La planche qui ferme cette trémie sur le devant est rendue mobile sur toute sa hauteur par le boulon O; elle se nomme le *va-et-vient*, ou volet de pression; elle est traversée d'une barre de bois à laquelle sont assujetties à chacun de ses bouts P, deux petites cordes qui vont se réunir et font faire pression au volet au moyen de deux poulies mobiles parallèles placées en *q*, auxquelles est suspendue une poulie à crochet supportant un poids R. C'est à l'aide de ce poids que le volet exerce sa pression sur la pomme de terre contre le cylindre, d'une manière continue et toujours égale.

S est un ressort en fer, servant à éloigner le va-et-vient du cylindre quand une pierre ou un autre corps étranger se trouve dans la trémie.

T est le plancher de la trémie, garni de pommes de terre.

### OPÉRATION DU RAPAGE.

La râpe en bonne disposition de service, c'est-à-dire,

1°. Huilée dans ses coussinets, chose qui doit être répétée trois à quatre fois par jour;

2°. Le tasseau de contact rapproché et assujetti près du cylindre, de manière à ne laisser passer qu'une pulpe fine;

3°. Enfin, les cordes du volet tendues sur les poulies au moyen du poids;

Deux hommes alors mettent la râpe en mouvement, et quand elle est bien lancée, l'engreneur prend les pommes de terre, les jette dans la trémie, une à une si elles sont grosses, deux à deux si elles sont moyennes, par poignée si elles sont petites, de manière enfin à ne pas engorger la râpe, ni la laisser sans emploi. Pour mieux atteindre ce but, l'engreneur prend et jette les pommes de terre en sens inverse, c'est-à-dire que, tandis que d'une main il prend des pommes de terre, de l'autre il en jette dans la trémie; celle-ci revenant ensuite en prendre de nouvelles, celle-là à son tour jette les siennes dans la trémie, et ainsi de suite.

A l'aide de ce mode de service par les mains allant et venant en sens inverse, on obtient un râpage continu ou sans intermittence, et l'on râpe dans un même espace de temps beaucoup plus de pommes de terre, sans fatiguer autant les tourneurs.

La râpe ainsi servie par deux hommes et un enfant peut réduire en pulpe 3000 kilogrammes de pommes de terre, ou 20 setiers de féculier (1), quelquefois plus, rarement moins, suivant que les pommes de terre sont venues d'un terrain plus ou moins humide, ou pendant une saison plus ou moins pluvieuse (2), suivant aussi l'âge de la pomme de terre (3). Dans tous les cas, la pulpe qu'elle donne se nomme *bou-*

---

(1) La mesure du féculier est ordinairement de 300 livres, ou de 14 boisseaux bien combles.

(2) Une pomme de terre qui vient d'un terrain trop humide, ou d'une terre forte et grasse, se râpe avec plus de facilité que celle récoltée dans une terre suffisamment humide et sablonneuse, attendu qu'ayant éte plus nourrie d'eau, ses fibres sont plus lâches et moins ténues; et quoique généralement plus grosse, à quantité égale, soit en mesure, soit en poids, elle rend aussi moins de fécule.

(3) L'âge avancé des pommes de terre influe encore, non-seulement sur son râpage, mais aussi sur son poids et sur sa mesure : en effet, arrivée à l'arrière-saison, c'est-à-dire dans le printemps, la pomme de terre occupe moins de volume et pèse moins qu'en automne; elle est aussi plus dure à râper; effet dû à l'évaporation naturelle d'une partie de l'eau de végétation de la pomme de terre à travers ses pores, en resserrant ses tissus et les desséchant en partie. Ainsi, le féculier se trouve avoir moins de pommes de terre sur la fin du printemps qu'il n'en a emmagasiné l'automne; de là aussi qu'il ne peut en râper que 15 à 20 setiers au lieu de [illegible], tout en employant le même moteur.

*rifi*. On sait déjà qu'elle doit être extrêmement fine pour son plus de produit en fécule ; elle doit, dans un établissement bien entendu, être enlevée à fur et à mesure (1), pour être soumise à l'opération suivante.

## SECTION III.

### *Du Tamisage de la pulpe ou bourifi.*

L'objet du tamisage est de séparer les trois corps qui constituent la pulpe provenant des pommes de terre, savoir : l'eau de végétation, la fécule et le parenchyme.

Pour l'effectuer, dans le rapport de la râpe, deux hommes suffisent quand ils sont bien exercés.

A cet effet, ils se servent chacun de dix tonneaux défoncés par un bout, placés directement sur le sol de l'atelier, nommé improprement *trempi*, et le plus près possible du baquet à pulpe,

---

(1) La pulpe qu'on néglige de tamiser pendant un ou plusieurs jours, suivant la saison, ou se soulève par un mouvement spontané de fermentation et déverse par-dessus le baquet, ou se graisse, et devient par là difficile à tamiser. Dans l'un et l'autre cas, la fécule dépose moins vite ; peut-être éprouve-t-elle un peu d'altération : c'est ce dont on ne s'est pas encore assuré.

ainsi qu'on l'observe par les chiffres 1, 2, 3, 4, 5, 6, 7, 8, 9, 10, *bis*, figure 2;

D'un baquet A, nommé le *coureur*, que je supposerai d'avance rempli d'eau, afin de faciliter l'explication du travail;

D'un tonneau B, toujours plein d'eau, au moyen d'un tuyau à robinet C, venant d'un réservoir supérieur;

D'un tamis de crins D (fig. 3) de 20 à 24 pouces de diamètre, sur 12 à 15 de haut;

D'une petite palette en bois E (fig. 4) de 6 à 8 lignes d'épaisseur, sur 3 pouces de hauteur et 5 de longueur, un peu arrondie à ses angles et amincie à 1 ligne d'épaisseur sur toute sa longueur F;

D'une pelle étroite en bois (fig. 5);

D'un siphon ou pompe en fer-blanc (fig. 6);

D'un baquet à poignées (7), dit *baquet du son*;

Enfin, d'un seau et de quatre douves de tonneau pour servir de support mobile au tamis.

Muni de ces divers ustensiles, la manière d'effectuer le tamisage du bourifi est simple et d'une exécution facile. Je vais d'abord la faire connaître telle qu'on l'exécute, à quelques modifications près pourtant que l'expérience m'a fait apporter, et je donnerai ensuite le moyen de la perfectionner.

## OPÉRATION.

Deux ouvriers, dits *tamiseurs*, prennent d'abord un seau de bourifi, qu'ils étalent chacun dans leur tamis placé avec son support sur le tonneau n° 1. Ils versent dessus deux seaux d'eau qu'ils prennent dans le coureur, et munis de la palette, ils agitent la pulpe par quelques mouvemens de rotation de droite et de gauche donnés avec la main, afin de la diviser dans l'eau et de permettre à celle-ci d'entraîner avec elle toute la fécule qu'elle contient.

Aussitôt que l'eau chargée ainsi de fécule est écoulée, on en remet deux autres seaux pris encore dans le coureur, puis par le même mouvement, et en frottant légèrement la toile du tamis avec la partie amincie de la palette, il sort une nouvelle quantité de fécule qui s'échappe encore avec l'eau.

La quantité de fécule qui reste dans la pulpe après ces deux lavages est minime : pour l'obtenir en totalité, l'ouvrier porte le tamis sur le coureur, verse dessus deux seaux d'eau pris, cette fois, dans le réservoir, et recommence d'agiter la pulpe et l'eau. Celle-ci égouttée, il termine le tamisage par encore deux autres seaux d'eau aussi du réservoir, et la pulpe, ainsi épuisée de toute sa fécule (1) par les quatre lavages, est portée dans le baquet du son, puis mise de côté au dehors de l'atelier, pour les usages que j'indiquerai dans un des chapitres suivans. Cela fait, l'ouvrier remet son tamis sur le tonneau n° 1, le charge d'un autre seau de pulpe qu'il épuise de sa fécule de la même manière. Le tonneau n° 1, une fois plein, l'ouvrier passe à celui n° 2, et ainsi de même, jusqu'au dixième tonneau.

Après cette manœuvre d'un tonneau à l'autre, la fécule qui se trouvait d'abord en suspension dans le premier tonneau avec l'eau de végétation de la pomme de terre et l'eau qui a servi au lavage de la pulpe se trouvent précipitées.

L'ouvrier revenant pour recommencer le premier tonneau, à l'aide de la pompe ou de chevilles de bois, le vide jusqu'au trois quarts de ses eaux, qu'il laisse à tort perdre sur le sol du trempi ou atelier (2), puis plaçant son tamis dessous le

(1) Pour reconnaître si la pulpe contient encore de la fécule, on en prend de la main droite, et la pressant légèrement au-dessus de la gauche, si elle contient encore de la fécule, l'eau écoulée la déposera dans les plis de la main.

(2) On verra bientôt quel usage avantageux on peut tirer de ces eaux.

tonneau, il recommence de mettre un seau de pulpe dedans, d'en opérer le lavage par deux seaux d'eau deux fois répétés, venant du coureur, reporte ensuite son tamis sur le coureur, donne à la pulpe deux autres lotions, encore avec deux autres seaux du réservoir, et jette enfin la pulpe épuisée dans le baquet au son. Passant ensuite au deuxième tonneau, il en décante les eaux, replace son tamis et recommence le tamisage, ainsi que je viens de l'expliquer, pour une deuxième fois, et ainsi de même jusqu'au dernier.

Revenant pour la troisième et dernière fois au tonneau n° 1, il en vide les eaux, comme il a déjà fait, et recommence de tamiser la pulpe dessus avec l'eau du coureur, et finit le lavage sur celui-ci, ainsi que je l'ai dit également ci-dessus, par de l'eau du réservoir. Son tonneau rempli, il observe, avant de passer à un autre, de démêler la fécule déjà précipitée, afin de la mêler avec celle qui se trouve en suspension; sans cette attention, l'ouvrier trouverait le lendemain tous ses tonneaux entremêlés de couches de fécule et de crasse. Continuant de tamiser sur les autres tonneaux, il est donc obligé de les démêler, quand ils sont pleins, de même que je viens de le dire.

Pour terminer le travail de la journée, l'ouvrier débarrasse le coureur, c'est-à-dire qu'il lui donne un coup de pelle afin d'en détacher toute la fécule précipitée ; il passe ensuite le tout au tamis sur un de ses tonneaux, après quoi il n'a plus qu'à émousser, opération qu'il exécute en enlevant, au moyen de la pelle à démêler, la mousse qui est au-dessus de chacun des tonneaux, pour la mettre dans un baquet ou autre vase, afin d'en obtenir par le repos toute la fécule qui y est contenue.

Si l'opération du tamisage à la main, que je viens d'indiquer, est d'une exécution simple et facile, la manière d'emplir les tonneaux par le tamisage de la pulpe, qui est la même, que je sache, dans tous les établissemens, excepté un seul, est bien peu ingénieuse et consomme un temps et des fatigues qu'on peut épargner.

En effet, que d'inconvéniens on peut découvrir dans tous ces déplacemens répétés de l'ouvrier qui se fatigue, se mouille et use le temps à porter et reporter la pulpe du réservoir, de la râpe, tant sur le plus proche, comme le plus éloigné de ses tonneaux, et chaque fois son tamis chargé pour l'épuiser sur le coureur.

Dans cette manière fatigante et mal entendue du transport de la pulpe dans les seaux qui débordent, dépend-il de l'ouvrier de ne pas répandre, comme dans le déplacement du tamis ne s'écoule-t-il pas quelques portions de fécule ?

D'un autre côté, comme la fécule qu'on retire des pommes de terre atteintes d'échauffemens, de pourriture, et par la gelée, ne dépose pas aussi vite que celle qui provient d'une pomme de terre sans altération, il arrive que l'ouvrier qui ne travaille que par routine, en ôtant sans plus attendre les eaux des tonneaux, au moyen de la pompe, laisse bien souvent écouler une partie de ces eaux encore chargée de fécule.

Frappé de tant d'inconvéniens réunis, à l'aide de changemens successifs aux moyens ordinaires, j'ai adopté le mode que je vais décrire, et que je conseille, comme le moins dispendieux, le moins pénible et n'offrant aucune perte.

J'établis à demeure, à la hauteur d'un tonneau ordinaire, un tonneau beaucoup plus large A (fig. 2 *bis*), devant servir de réservoir d'eau; à la droite de ce réservoir, je place en alignement, d'abord le coureur B, ensuite les tonneaux du tamiseur CC que je fais communiquer les uns aux autres par leur partie supérieure, à l'aide d'un trop plein. Je m'arrange ensuite à placer le réservoir ou le baquet à pulpe D tout contre et devant le milieu du premier et du deuxième tonneau, après quoi, je place sur le tonneau touchant le coureur et le réservoir de la pulpe, un tamis E auquel on fait faire à volonté la bascule au moyen de charnières F fixées sur le châssis qui lui sert de support; je place encore un tamis semblable G sur le coureur, également à charnières sur son support, mais qu'on peut de plus éloigner à volonté du coureur, au moyen de coulisses parallèles HH, établies au support du tamis.

Cette disposition des tonneaux et des tamis étant ainsi faite, j'exécute le tamisage de la manière suivante :

Je prends un seau de pulpe que je verse dans le tamis placé sur le tonneau, pour l'épuiser en partie de sa fécule par l'eau du coureur, comme à la manière ordinaire. Cela fait, je fais basculer le tamis dans celui d'à côté, que j'ai d'abord fait glisser sur le coureur; là, je finis d'épuiser le peu de fécule qui reste dans la pulpe contenue dans le tamis par l'eau du réservoir, ainsi qu'on le pratique ordinairement, puis après, je repousse plus loin du coureur le tamis et son support dans ses coulisses, que je fais basculer ensuite, pour en faire tomber la pulpe épuisée dans une trémie qui la conduit directement en dehors l'atelier. Revenant après cela au premier tamis, j'y remets un autre seau de pulpe que j'épuise de sa fécule de la même manière, et toujours de même jusqu'à la fin du jour.

En me servant ainsi de tamis à bascule sur le coureur et sur un seul tonneau, entourés du réservoir d'eau, de celui de la pulpe et de la sortie du son au dehors l'atelier, je trouve non-seulement une économie notable dans le temps et une facilité très grande dans l'exécution, mais j'épure et je donne, en quelque sorte, un rafraîchi à la fécule. En effet, la fécule étant d'un poids spécifiquement plus pesant que les molécules étrangères avec lesquelles elle se trouve confondue, elle tend sans cesse à se précipiter; il en résulte que les parties hétérogènes, plus long-temps suspendues, sont repoussées et chassées d'un tonneau dans l'autre, de telle sorte et bientôt avec un tel dépouillement de fécule, qu'on les voit passer presque en totalité, sauf le sable qui se précipite dans le premier tonneau avant la fécule, avec les eaux surabondantes dans le bassin I, placé au dehors de l'atelier pour les recevoir.

De sorte que le travail arrêté, on trouve les dépôts de fécule dans chacun des tonneaux dans une proportion fort inégale. Le premier tonneau est celui qui en contient davantage; il est beaucoup moins important dans le deuxième; la quantité est encore moindre dans le troisième, et diminue ainsi successivement, jusqu'au point que le dernier tonneau ne contient que des corps étrangers; aussi arrivait-il, quand la pomme de terre n'avait pas été altérée, qu'elle avait été parfaitement lavée, ce qu'on ne saurait trop bien exécuter, qu'à l'aide d'un seul rafraîchi des premiers tonneaux, j'obtenais une fécule de première blancheur.

M. Blondel, auquel j'ai communiqué il y a sept à huit ans mon moyen de tamisage, devait le mettre à exécution dans son établissement de Saint-Denis; mais il s'est contenté de la seule disposition des tonneaux qu'il a, vu l'importance de son établissement, remplacés par un certain nombre de cuves. Ses différens successeurs l'ont conservé et en font encore le même usage aujourd'hui.

Quoique l'ensemble du procédé soit susceptible encore de quelque amélioration, on ne reconnaîtra pas moins, je l'espère, son importante supériorité et ses avantages.

## SECTION IV.

### *Du Rafraîchi ou épuration de la fécule.*

Rafraîchir ou épurer la fécule, c'est la laver dans une, deux et même trois eaux, pour en enlever toutes les parties étrangères, telles que terre, son et eau de végétation, et lui rendre par là l'état de blancheur qui lui est naturel.

On se rappelle que la fécule se trouve dans les tonneaux des tamiseurs, et ceux-ci ont besoin de leurs tonneaux pour reprendre leur travail.

Il faut donc, chaque matin, avant de faire le rafraîchi, se reporter à quelques dispositions préliminaires. Les voici :

Deux hommes, dits *ouvriers pour les blancs*, mettent chacun une pompe sur le tonneau n° 1 des deux tamiseurs, pour en vider les eaux ; lorsque celles-ci ne coulent plus, ils inclinent le tonneau pour en faire écouler toutes les eaux restantes, observant bien de le relever aussitôt que l'eau qui s'écoule paraît laiteuse, ce qui annoncerait une perte de fécule : alors, ils dérangent le tonneau, et le tamiseur en met un vide à la place, et se met aussitôt à tamiser comme le jour précédent.

Pendant que le tamiseur travaille sur son tonneau, les deux ouvriers des blancs disposent les autres, et à l'effet de le faire plus promptement, ils mettent les quatre pompes de l'atelier en activité sur autant de tonneaux du tamiseur, et aussitôt que les pompes ne fonctionnent plus, ils les remettent en activité sur d'autres. Pendant ce temps, ils finissent d'écouler les eaux des tonneaux sur lesquels les pompes ont passé, observant ce que j'ai dit pour le tonneau n° 1, de le relever sitôt que l'eau est laiteuse, pour ne pas perdre de fécule, et ainsi de suite jusqu'au dernier. Cette opération s'appelle *épancher les eaux*.

Revenant ensuite à chacun des tonneaux, on en fait la rinçure, c'est-à-dire qu'on y verse un seau d'eau, et à l'aide d'une brosse à longs crins, on détache la crasse qui s'est attachée sur la fécule; on culbute ensuite le tonneau dans un baquet à poignées, et l'on porte ce lavage dans des tonneaux dits *tonneaux des rinçures*.

Le fond de chacun des tonneaux ayant été nettoyé de la sorte, se nomme *blancs;* on en réunit deux et même trois ensemble, suivant qu'ils sont forts, ce qui s'appelle *doubler* ou *tripler les blancs*. Cela fait, on laisse aux tamiseurs ceux des tonneaux qui ont été débarrassés de leur fécule, et on leur en donne de vides en remplacement de ceux qui contiennent les blancs qu'on emmène auprès du bout de la gouttière de bois *dd* (fig. 2), pour en faire alors le premier rafraîchi.

OPÉRATION.

Nous savons déjà que faire le rafraîchi des blancs, c'est les laver dans l'eau, afin d'enlever tous les corps étrangers qui salissent la fécule. Pour procéder, on fait arriver l'eau jusqu'à 6 à 7 pouces du bord de chacun des tonneaux contenant les blancs placés au bout de la gouttière et qui sont représentés par *a*, *b*, *c*, *d*, *e*, *f*, *g*, *h*, *i*, *j*.

Ensuite, à l'aide d'une pelle étroite, semblable à celle des tamiseurs, on donne à l'eau un mouvement de rotation qui peut se continuer dans le même sens, jusqu'à ce que toute la fécule se trouve divisée, ce qui se reconnaît en touchant la fécule ou le fond du tonneau de temps en temps avec la pelle. La fécule étant entièrement divisée, on laisse venir l'eau de nouveau dans le tonneau, en remuant toujours jusqu'à ce qu'il soit plein, après quoi on passe à un deuxième et à un troisième tonneau; et ainsi de suite, en finissant de les remplir de même, pour les laisser en repos l'espace de quatre heures environ.

On peut remarquer, en passant, que dans cette opération, l'eau seule soulève et divise la fécule par l'effet du frottement qu'elle exerce sur le blanc dans sa course circulaire. La pelle n'ayant d'autre utilité que d'aider à donner le mouvement nécessaire à l'eau, on pourrait, au besoin, la remplacer par un bâton un peu fort ou une planche étroite, si elle venait à manquer dans l'établissement.

Vers onze heures du matin, c'est-à-dire après les quatre heures de repos écoulées de l'opération ci-dessus, on recommence un deuxième et dernier rafraîchi des blancs (1).

Pour effectuer ce deuxième rafraîchi, les deux ouvriers des blancs vident les eaux de tous les tonneaux, d'abord au moyen d'une pompe, ensuite en les renversant doucement. Aussitôt que l'eau qui s'écoule paraît charroyer un peu de fécule, ils relèvent le tonneau et ils lui donnent la position de celui E, fig. 2.

Alors, à l'aide d'une brosse à manche et à crin un peu long et flexible, un d'eux agite l'eau restante du tonneau et frotte légèrement sur la fécule précipitée, afin de la débarrasser entièrement de tout ce qui adhère à sa surface et qui

---

(1) Je dis *un dernier rafraîchi*, parce qu'en manipulant ainsi que je l'ai décrit depuis la quatrième section, j'obtiens une fécule aussi blanche et aussi pure qu'en faisant un troisième rafraîchi, et opérant comme dans la plupart des établissemens.

cause son impureté. Cela fait (1), les deux ouvriers culbutent le tonneau dans un baquet à poignées, pour en sortir les impuretés et les porter dans un des tonneaux à rinçure; ils versent ensuite un seau d'eau sur le blanc, pour le laver encore avec la brosse, de manière à ne pas lui laisser la plus petite tache; ils lavent même l'intérieur du tonneau, et ils renversent de suite l'eau dans le baquet; puis, tandis que le tonneau se trouve penché sur le baquet, l'un des deux ouvriers prend un peu d'eau avec une sébille, ou mieux une cuillère de bois, et la jette dans le fond du tonneau, pour finir d'enlever tout atome de son ou autres impuretés qui pourraient être restées sur la fécule; enfin, ils remettent le tonneau à sa place, et vident aussitôt le baquet contenant la deuxième rinçure, dans un tonneau à part.

Passant ensuite à un autre tonneau, ils opèrent de même; et ainsi des autres jusqu'au dixième, observant de séparer, comme dessus, les eaux de la première et de la deuxième rin-

(1) Dans tous les établissemens, cette opération se fait avec la main; mais il s'en faut de beaucoup qu'elle soit aussi exactement et aussi promptement faite qu'à l'aide de la brosse dont je me sers.

çure ; après quoi, remplissant d'eau les tonneaux jusqu'à 6 à 7 pouces de leur bord, ils leur donnent un coup de pelle, ainsi qu'il a été dit au premier rafraîchi, pour démêler le blanc, puis ils finissent de les remplir d'eau, et les laissent en repos.

A ce dernier rafraîchi, trois heures de repos sont plus que suffisantes pour laisser précipiter la fécule, attendu que l'eau n'étant plus chargée que d'une très petite quantité d'eau de végétation de la pomme de terre, demeurée encore dans le blanc, et de quelques petites parties de petit son ou autre impureté, elle n'est plus, à beaucoup près, aussi grasse ni aussi compacte que dans le premier rafraîchi : on peut même dire qu'elle ne l'est pas du tout, qu'elle est seulement un peu trouble.

Après donc trois heures de repos, on peut lever les blancs ou mettre en bachot.

Lever les blancs ou mettre en bachot, c'est ôter les blancs, autrement dit la fécule, pour la mettre égoutter dans des paniers garnis de toile, ou dans des caisses en bois percées de trous de 6 à 7 lignes en dessous et au pourtour, qu'on nomme *bachots*. Leur forme diffère dans beaucoup d'établissemens ; généralement, ils ont celle de la fig. 8.

Pour procéder à la levée des blancs et à la

mise en bachot, il faut d'abord vider l'eau des tonneaux, ôter la rinçure et laver le dessus des blancs, opérer enfin de même que si l'on voulait faire un rafraîchi. Une fois la fécule bien nettoyée et débarrassée de son eau surnageante, on prend un ou deux morceaux de toile, on les trempe dans l'eau, on les comprime et on les applique dans l'intérieur du bachot, de manière à le couvrir entièrement; ensuite, à l'aide d'une main en fer (fig. 9), on enlève la fécule par morceaux, et on la place dans le bachot, observant de remuer celui-ci de temps en temps, et d'y jeter un peu d'eau avec la main, afin d'étendre la fécule et de la répandre partout sans former de cavité.

Comme dans le chargement du bachot l'eau qui s'écoule entraîne avec elle un peu de fécule, il est bon, pour ne rien perdre, de supporter le bachot au-dessus d'un baquet, au moyen de barres en bois.

On observe encore, en enlevant la fécule du fond du tonneau, qu'elle ne soit pas tachée d'un peu de sable ou d'un peu de la couleur du tonneau; dans ce cas, on enlève les taches à fur et à mesure, à l'aide du taillant de la main de fer déjà mentionnée. Une fois les bachots pleins de fécule par la levée de tous les blancs, on les laisse s'égoutter jusqu'au lendemain matin, pour les porter sur le ressuie ou aire en plâtre, située devant l'étuve.

Comme les tonneaux où étaient les blancs contiennent de la fécule dans le fond et autour de leurs parois, qu'ils contiennent aussi de la fécule tachée qu'on y a fait tomber en mettant en bachot, on les lave chacun avec un seau d'eau, afin d'en enlever toute la fécule, et de la faire passer ensuite au tamis de soie, pour ce qui s'appelle la *dessabler*, au-dessus d'un seul tonneau, d'où l'on peut la sortir pure quelques heures après. Cela fait, les deux ouvriers se mettent à passer les rinçures au tamis de soie, afin de débarrasser la fécule du petit son et de la terre qui s'y trouvent mêlés.

Pour passer les rinçures au tamis de soie, il faut les étendre avec une suffisante quantité d'eau, les démêler avec la pelle; ensuite on en prend un seau ou deux, que l'on verse dans le tamis, supporté par deux barres au-dessus d'un tonneau, et à l'aide d'une palette semblable à celle des tamiseurs, on agite vivement les rinçures dans le tamis, pour faciliter le passage de la fécule, observant de frotter légèrement la toile par le côté aminci de la palette, afin de détacher le peu de fécule qui voudrait y adhérer.

Les impuretés restées dans le tamis pouvant contenir encore un peu de fécule, on verse un peu d'eau dessus avec une sébille de bois, et on les démêle ; si l'eau qui s'écoule en paraît encore chargée, on remet encore un peu d'eau dans le tamis, et l'on démêle pour une dernière fois. Ce qui reste dans le tamis se nomme *petit son*, étant formé presque entièrement du parenchyme de la pomme de terre ; on le porte avec celui du tamiseur (1).

Lorsque le tonneau sur lequel on tamise les rinçures est plein jusqu'à 6 pouces, on le démêle avec la pelle, on finit de le remplir avec de l'eau, et on les laisse en repos pour obtenir de nouveau blanc ; puis après on continue le tamisage des rinçures sur un autre tonneau.

Après trois ou quatre heures de repos, on peut faire le rafraîchi de ces blancs, nommés *blancs des rinçures*. Les moyens à employer pour faire leur rafraîchi étant suffisamment détaillés dans ce qui précède, je me dispenserai de les décrire ici, afin de ne pas augmenter le nombre des répétitions, que j'ai déjà trop souvent

(1) Comme il contient presque toujours de la terre ou du sable, il serait mieux, je pense, de le mettre à part pour en faire du fumier.

faites, et qu'on ne peut néanmoins éviter dans un ouvrage élémentaire.

Les blancs des rinçures, quoique ayant passé sur le tamis, ne sont pas encore dans un état de pureté suffisant pour les mettre en bachot : ou ils sont couverts d'un peu de son, ou ils sont tictés de petits points noirs en dedans, ou enfin, ils n'ont pas assez de blancheur. Dans l'un ou l'autre cas, on redonne encore un rafraîchi, même deux, si cela est nécessaire.

En un mot, c'est au moyen de l'eau et des tamis qu'on épuise toute la fécule contenue dans le petit son des rinçures, et qu'on obtient un blanc parfait et éliminé de tous corps étrangers. Si l'on rencontre dans des établissemens des fécules bises, c'est parce que le travail en est négligé ou mal entendu (1).

Tout blanc provenant des rinçures, reconnu bon à lever, on le met en bachot de la manière

---

(1) Je conviens pourtant qu'il est souvent des cas où le lavage et les soins ordinaires sont insuffisans pour obtenir toute la fécule à l'état de blancheur; la cause peut s'en attribuer :

1°. A quelques matières étrangères qui adhèrent à la pomme de terre, la désorganisent dans un endroit ou dans un autre, l'altèrent même de proche en proche;

2°. A son contact direct dans le cours des opérations

qu'il a déjà été dit, et après huit à dix heures ou plus d'égouttage, on le porte au ressuie en plâtre, où un ouvrier le dispose à la dessiccation. Avant d'entrer dans tous les détails de cette opération, je vais communiquer quelques essais de perfectionnement à la manière ordinaire de faire les rinçures que je viens d'indiquer, d'une importance assez marquante pour le fabricant. Voici d'abord comment j'ai été amené à faire ces essais.

Soupçonnant la présence de la fécule, l'ayant quelquefois même reconnue dans les eaux vertes, limoneuses et chargées de molécules diverses, que l'on jette de dessus les blancs, nommées par les ouvriers les *graisses*, et comme n'étant, d'après le dire des fabricans, qu'un composé de crasse et de terre, je mis une quantité de ces résidus dans un bocal, et je les lavai à grande eau jusqu'à cinq fois différentes, en renouvelant l'eau à chaque

---

avec des substances qui la salissent ou lui donnent une teinte;

3°. Enfin, à l'échauffement des pommes de terre elles-mêmes, et leur pourriture partielle, quand elles sont amoncelées dans les caves ou dans les magasins.

Le moyen alors d'arriver à donner de la blancheur aux fécules bises, sera celui décrit dans le chapitre IV.

fois, sans obtenir d'autre résultat qu'un mélange de fécule et de corps étrangers, que je jugeai être d'une même pesanteur spécifique, ne pouvant pas admettre la possibilité de leur attraction mutuelle. Reconnaissant alors l'insuffisance du moyen des lavages, je déposai une certaine quantité de ces mêmes matières avec une quantité d'eau suffisante, dans une petite cuve que je mis à l'action d'un mécanisme qui me servait à diviser la pomme de terre cuite et à la réduire en pulpe fine; une demi-heure après je les laissai déposer dans un tonneau, et je trouvai un premier dépôt de fécule assez notable, dégagé de toute impureté, puis un deuxième dépôt, contenant encore quelques atomes de fécule et tous les marcs.

D'après cette opération, on est donc fondé de croire que pour obtenir toute la fécule qui est contenue, non-seulement dans les rinçures, mais même dans la pulpe, il faut un mouvement et une action plus forte que celle du bras de l'ouvrier : voilà sans doute pourquoi le blutoir de Burette offrait de la perte dans son application au tamisage continu de la pulpe de pomme de terre ; car elle se trouvait seulement charroyée dans cet instrument, sans y éprouver que de légers frottemens, tandis qu'elle avait besoin d'y être long-temps et fortement battue et bouleversée.

Le meilleur moyen de tamisage sera donc celui par lequel la pulpe éprouvera un choc qui divisera ses molécules, pour les livrer à l'eau chargée de les enlever.

Une autre opération curieuse et utile à connaître, que j'ai encore faite pour séparer la fécule disséminée dans les marcs ou les graisses, est celle-ci :

Je formai sur le pavé de l'atelier, avec les rinçures, une couche de quelques pieds carrés et d'un demi-pouce seulement d'épaisseur, que je retins de droite et de gauche par un cordon de plâtre ; je fis arriver, par la partie la plus élevée du sol, un très petit filet continu d'eau claire. Cette eau ayant gagné peu à peu les rinçures, les submergea d'abord, et forma au-dessus comme une petite nappe d'eau ; mais celle-ci étant sans cesse renouvelée, et procurant dans son passage, plutôt une sorte de petit choc et de soulèvement au marc déposé sur le pavé, qu'une agitation forte, mit peu à peu les aspérités du pavé à découvert, et finit par laisser apercevoir dans ses interstices une fécule d'une blancheur parfaite et éliminée de tous corps étrangers.

Cette opération, que l'on peut regarder comme

lucrative, pourrait facilement s'exécuter en grand sur un sol uni, mais divisé de pied en pied par une simple tringle en bois.

## SECTION V.

### *Du Séchage de la fécule.*

Le séchage a pour objet la conservation de la fécule, l'économie de son transport et l'augmentation de son emploi.

En effet, la fécule obtenue de cette manière contient les 33 à 35 centièmes d'eau; dans cet état, elle se conserve difficilement au-delà d'une année; ses frais de transport sont d'un tiers plus considérables, à part la pourriture des sacs, qui s'ensuit très promptement; l'emploi enfin ne peut pas en être fait dans les chocolats, dans certaine pâtisserie, non plus que dans la parfumerie et certaines préparations chimiques. Il est donc toujours avantageux de sécher la fécule. Pour effectuer sa dessiccation avec avantage d'économie, et pour lui conserver toute la blancheur qui lui est propre, il faut la prédisposer et opérer comme il va suivre.

#### OPÉRATION.

A fur et à mesure que les bachots sont montés

sur le plancher de l'étuve, dit le *ressui* ou l'aire en plâtre, on les retourne et on les divise à l'aide d'une sorte de bèche en fer, d'abord par moitiés sur la longueur, ensuite en quartiers, également sur le même sens; enfin, en plusieurs parties de 3 à 4 pouces au plus d'épaisseur. Chaque morceau se trouve avoir alors la forme de ceux représentés en la fig. 10. On les range à fur et à mesure sur leur partie la plus large, ainsi qu'on le voit représenté même figure, ce qui permet au plâtre de leur enlever plus promptement l'excès d'humidité qu'ils contiennent; on reconnaît ensuite quand la fécule est dans un état hygrométrique convenable pour être livrée au commerce, ou être rangée sur les séchoirs, dits *hâloirs*.

Quand la fécule cesse d'adhérer au plâtre, c'est alors qu'elle prend le nom de *fécule verte;* qu'elle est à la fécule sèche :: 3 : 2 ; autrement, qu'il en faut dans cet état 3 kilogrammes pour en obtenir 2 de fécule sèche; ou bien encore, qu'elle contient 33 centièmes d'eau, même 35 à 36, pour peu que la dessiccation soit poussée avant; qu'enfin, elle est reconnue fécule marchande.

Si la fécule verte doit être livrée de suite au commerce, on l'écrase avec des sabots et on l'ensache ; mais lorsqu'on destine la fécule à être desséchée, il faut, pour la facilité de ce travail, soigneusement éviter de briser les pains, qu'on fait porter alors sur les séchoirs.

Là, bientôt on voit la fécule gagner de blancheur, en proportion qu'elle perd de l'humidité que la circulation de l'air lui enlève. L'exposition et la disposition des séchoirs, la température et la constitution de l'air, plus ou moins chargé d'humidité, ne sont donc pas sans influence sur cette opération préliminaire, qui dispose la fécule à entrer à l'étuve. Sous ce rapport, on ne peut guère déterminer le temps qu'elle doit durer; il est toutefois évident que plus ce séchage naturel aura été poussé, et moins il faudra de temps pour achever ce travail à l'étuve. Quoi qu'il en soit, on retire habituellement du séchoir les pains de fécule aussitôt que l'étuve se trouve dégagée.

Pour les recevoir, on prend chaque pain, qu'on examine l'un après l'autre, et, à l'aide du taillant d'une main de fer, on enlève, à ceux sur lesquels il s'en est formé, les taches jaunes ou vertes auxquelles ils sont quelquefois sujets dans les temps trop humides de l'hiver. Des ouvriers armés de sabots les foulent aux pieds et les écrasent à plusieurs reprises, jusqu'à ce que leur division permette de les étendre en couche de 1 pouce et demi à 3 pouces d'épaisseur sur toutes les tablettes de l'étuve. Cela fait, on allume le poêle de l'étuve, on en ferme la porte et les soupiraux; on pousse ensuite le feu de manière à amener promptement la température à 34 degrés Réaumur ou 43 centigrades, attendu que 33 degrés Réaumur est le degré de chaleur le plus élevé de la fermentation, et que toute substance tendante à y entrer ne peut rester à cette température sans éprouver la réaction de ces principes (1).

On augmente après cela la chaleur par progression, pour mettre en vapeur toute l'eau contenue dans là fécule; lorsqu'on s'aperçoit qu'on est arrivé à ce terme, on ouvre les soupiraux de l'étuve, et l'on maintient une forte température, qu'on augmente même à mesure que la vapeur diminue.

Lorsqu'au bout de quatre à cinq heures on a

---

(1) Toute fécule séchée à un degré au-dessous de 34 degrés, quand ce n'est pas à l'air libre, et si surtout elle est long-temps demeurée en trempe, porte avec elle, dans divers emplois, une odeur étrangère, qui provient du mouvement spontané de fermentation des principes de la fécule.

remarqué que la superficie de la fécule est sèche, on laisse éteindre ou l'on étouffe le feu, pour entrer dans l'étuve; on retourne la fécule, on l'unit et on la sillonne de nouveau; opération qu'on répète de quatre en quatre, ou de cinq en cinq heures.

Au lieu de retourner la fécule, de l'unir et de la sillonner ainsi sur place, on peut la retourner avec une pelle, sur le plancher devant la porte de l'étuve; alors on écrase toutes les pelotes et les grumeaux sous les pieds, avec des sabots. Ce moyen, qu'on appelle *abattre l'étuve*, a l'avantage sur l'autre d'aérer la fécule, de lui enlever par là une très grande quantité d'humidité, et de lui procurer de la fleur et du velouté; il a encore le mérite d'apporter de l'économie dans le temps et dans le combustible; aussi est-ce celui qui est le plus usité.

Quel que soit le moyen employé pour renouveler les surfaces de la fécule pendant son séjour à l'étuve, son séchage ou sa dessiccation doit s'effectuer, sans interruption, dans l'espace de vingt-quatre heures.

On reconnaît que la fécule est sèche, quand elle a cessé d'être grasse au toucher, ou qu'elle est brillante et qu'elle craque dans la main; alors on l'enlève de l'étuve. Si pendant la dessiccation de la fécule, l'étuve a été abattue plusieurs fois, c'est-à-dire comme il est expliqué plus haut, si l'on a ôté la fécule pour l'aérer à la pelle et l'écraser sous les sabots; alors la fécule peut être passée immédiatement au blutoir : mais si l'on s'est contenté de remuer la fécule sur les tablettes, de l'unir et de la sillonner, il faut, avant de la passer au blutoir, l'étendre sur le plancher et faire passer dessus un rouleau de bois ou de pierre chargé, afin d'en écraser tous les grumeaux.

Les produits que l'on obtient en fécule varient suivant les saisons, les terrains dans lesquels on a cultivé la pomme de terre, les variétés de ces tubercules, etc. (1). Année commune, on retire du setier du féculier, du poids de 150 kilogrammes ou 300 livres de pommes de terre, 25 à 30 kilogrammes de fécule sèche, ou, ce qui revient au même, 37 kilogrammes et demi à 45 kilogrammes de fécule verte. On ne doit, en fabrique, compter que sur ce produit, parce que, indépendamment que le râpage n'est point

(1) Le fabricant ne saurait être guidé, dans le choix des tubercules que le commerce lui offre, autrement que par un essai préliminaire, c'est-à-dire l'extraction de la fécule de plusieurs setiers de pommes de terre, par le procédé indiqué ci-dessus.

assez parfait pour obtenir le résultat numérique indiqué par l'analyse chimique, le fabricant éprouve inévitablement une perte de fécule dans les différentes manipulations du travail.

---

# CHAPITRE II.

## *Quelques observations sur la dessiccation de la fécule.*

Les étuves à fécule étant construites dans le système de celles pour l'amidon, ainsi qu'on peut le remarquer à la fin de cet ouvrage, on s'est également servi du même mode pour les échauffer, je veux dire, ainsi que je l'ai déjà fait connaître, d'ôter et de remettre au milieu de l'étuve un poêle à roulettes, en tôle, surmonté de ses tuyaux, autant de fois qu'il faut charger l'étuve, l'abattre et la vider.

Ce moyen vicieux existe encore dans presque tous les établissemens, sans doute à cause du peu de dépense qu'il occasione; mais quelle perte de calorique n'occasione-t-il pas? sans parler de celle du temps nécessaire pour sortir le poêle et ses tuyaux de l'étuve, les nettoyer et les remettre en place trois et quatre fois dans les vingt-quatre heures de l'opération, aujourd'hui surtout que les poêles de tôle sont remplacés par des poêles plus lourds en fonte, et qu'on brûle du charbon de terre au lieu de bois.

Je conseillerais, pour les établissemens qui tiennent à ce mode de chauffage pour une cause quelconque, de supprimer l'emploi du bois, comme trop cher et se brûlant trop vite ; celui aussi du charbon de terre, comme donnant beaucoup plus de fumée, à part la mauvaise odeur, surtout quand le poêle ne tire pas bien; et je remplacerais ces deux combustibles par le coke, autrement dit *charbon de terre épuré*, ou bien encore par la tourbe carbonisée, deux combustibles sans odeur, chauffant très bien, sans donner sensiblement de fumée; et, dans l'impossibilité de s'en procurer, le charbon de terre dit de *Frenne*, brûlant avec plus de flamme et donnant peu de fumée, est préférable au charbon de terre ordinaire.

Dans l'intention de parer à tous les inconvéniens ci-dessus, quelques établissemens ont remplacé le poêle ordinaire par un calorifère; de ce nombre sont ceux de MM. Thomas de Lille, Ruelle et autres.

Mais ont-ils atteint le but si désirable de sécher, avec toute l'économie de temps et de combustible qu'il est possible d'apporter à cette opération ? Sans doute le calorifère n'est pas sujet à la perte de temps occasionée par la sortie et la mise en place du poêle des étuves ordinaires ; il garantit de la fumée, même de la cendre dans l'étuve ; car il s'en répand du poêle alimenté par charges interrompues.

Ils ont évité la présence de différens gaz donnant une odeur qui peut se communiquer à la fécule.

Ils ont enfin apporté quelque économie dans l'emploi des combustibles dont ils peuvent indistinctement se servir. Tout cela, sans doute, annonce des améliorations sensibles ; mais ne serait-il pas préférable de remplacer les poêles ordinaires et les calorifères de Désarnod, Roger et autres, par le petit appareil de circulation, au moyen de la différence de pesanteur spécifique de l'eau froide et de l'eau chaude, de M. Bonnemain.

Comme à l'aide de cet appareil, qui permet de donner et de maintenir constamment tous les degrés de chaleur, on économiserait les six huitièmes du combustible, on n'aurait plus peut-être pour arriver à la solution du problème, qu'à établir sur un support un plateau double d'une longueur calculée, fait avec des planches entières de zinc ou de cuivre étamées, distantes d'un pouce l'une de l'autre, avec beaucoup de diaphragmes dans l'intérieur, un rebord de deux pouces et communiquant par un tube à l'appareil dit de *circulation*, du sieur Bonnemain. La fécule serait déposée sur ce plateau à une hauteur égale d'un pouce, et aussitôt que l'humidité s'en échapperait par l'aide de la chaleur de l'appareil de circulation, plusieurs cylindres cannelés, espacés les uns des autres et mis en mouvement par un mécanisme particulier, qui, les promenant d'un bout à l'autre du plateau, retournerait en sens contraire la fécule de telle manière enfin, que, portée à l'extrémité du plateau, elle y arriverait toute sèche et se déverserait dans un sac.

Cette idée de séchage continu et le mécanisme de son exécution m'ont été communiqués par M. Blondeau, qui a l'intention de prouver très incessamment son opinion par des faits. Sa demeure est rue Saint-Antoine, n° 62. Revenant au système de dessiccation ordinaire de la fécule, je ferai remarquer que c'est en s'écartant des principes que les issues ou soupiraux pour le dégagement de l'humidité ont été placés jusqu'à ce jour dans le haut de l'étuve, attendu que l'air échauffé s'y rendant directement par le plus court chemin, par l'effet de sa légèreté, ne peut se mettre en contact qu'avec une partie seulement de la surface de la fécule placée sur chacune des tablettes.

On devrait préférer dès lors établir les soupiraux dans la partie inférieure de l'étuve; on double, par là, la propriété desséchante de la chaleur, ou plutôt on la met à profit entièrement.

En effet, dès que le calorique ou la chaleur dégagée d'un corps quelconque, est lancée dans l'étuve, n'importe par quel moyen, l'air qui s'y trouve contenu s'échauffe; il devient plus léger, se déplace; il est remplacé et chassé de nouveau par celui que le courant fait succéder; arrivant enfin au sommet de l'étuve, et ne trouvant aucune issue pour s'échapper, il est alors forcé de redescendre et de se répandre uniformément, ainsi qu'il était monté, jusqu'au bas de l'étuve, où rencontrant les soupiraux, il s'échappe d'autant plus chargé d'eau, qu'il a eu le temps de se rencontrer et d'être plus long-temps en contact avec toutes les surfaces humides de la fécule.

Les faits prouvant mieux que le raisonnement, je vais en citer un; il ne pourra qu'appuyer mon opinion.

Je fis dessécher, par comparaison, deux quantités égales d'orge germée dans une étuve à fécule. Pour l'une, les issues du haut de l'étuve ont été ouvertes; pour l'autre, ce sont celles d'en bas: il en est résulté un avantage pour l'étuve dont les issues étaient ouvertes par le bas, d'un tiers d'économie dans le combustible et près de moitié dans la durée de l'opération.

---

# CHAPITRE III.

## *Emploi des résidus de la pomme de terre.*

La pulpe épuisée et l'eau de végétation composent les résidus de la fabrication de la fécule.

La pulpe seule est estimée, et l'on rejette généralement l'eau de végétation, à laquelle on peut néanmoins, comme on le verra dans la deuxième section suivante, reconnaître des qualités profitables.

La quantité de pulpe et de petit son (1) qui restent après l'extraction de la fécule par le lavage est de cinq à six tonneaux combles, en sortant des tamis, pour les vingt setiers du travail journalier qui précède, ou à l'état seulement humide de 15 à 20 pour cent, représentant 5 à 7 centièmes à l'état sec. Ces 5 à 7 centièmes sont composés de 3 à 5 centièmes de fécule et environ 2 centièmes de fibres ligneuses non nutritives.

---

(1) On se rappelle que le petit son n'est autre chose que le parenchyme très divisé.

De son côté, l'eau de végétation, ou la partie aqueuse de la pomme de terre, formant les 65 à 70 centièmes du poids de ce tubercule, et étant, d'après les recherches de M. le baron de Vogt, une solution de plusieurs substances végétales et des sels que l'analyse chimique y démontre.

On doit donc se proposer de tirer encore bon parti des résidus après les avoir épuisés de la fécule libre ; c'est ce que je vais faire connaître dans les deux sections suivantes.

## SECTION PREMIÈRE.

### *Emploi de la pulpe épuisée.*

Le moyen employé à Paris pour utiliser le marc des pommes de terre, consiste à le faire manger aux vaches, sortant de la féculerie, c'est-à-dire tel qu'il est obtenu. On le donne aussi aux chevaux, mais mélangé avec un peu de son ou avec du fourrage haché. Les cochons n'en mangent pas, ou du moins ils s'en dégoûtent bientôt; cependant, j'ai remarqué qu'ils en deviennent avides et qu'il leur est plus profitable, si on le fait cuire avec un peu de marc de suif fondu, dit *pain de corton.*

J'ai reconnu aussi que le marc ou son des pommes de terre, tel qu'il est obtenu, trop abondant en eau, ayant des propriétés laxatives marquées, peu d'animaux pouvaient impunément en faire usage.

Pour le rendre plus profitable et plus convenable à tous les bestiaux, deux moyens se présentent naturellement, la cuisson et l'expression.

Par la cuisson, en effet, on a l'avantage de rendre toutes les substances ligneuses et farineuses plus saines et plus digestives.

Par l'expression, en enlevant de la pulpe un excès d'humidité nuisible qui l'empêche d'être utile, on lui donne une qualité première de conservation qu'elle n'avait pas, et non moins avantageuse pour le cultivateur et le féculiste. Ainsi donc, pour rendre sa pulpe épuisée de fécule par le tamisage plus profitable à ses bestiaux, il la fera cuire ou il la fera presser fortement, et finira de la ressuyer à l'air ou dans ses greniers; présentant ensuite chaque pain de parenchyme ainsi pressé et séché, à la râpe à pomme de terre, il en obtiendra une farine grossière; si au contraire il brise les pains, qu'il les passe au moulin, il en retirera une farine fine dont, après l'expérience que j'en ai, les moutons, les chèvres, et généralement tous les animaux, seront assez friands, principalement si on lui additionne un peu de sel de cuisine.

M. Cadet-de-Vaux assure avoir obtenu un pain savoureux, susceptible de se garder longtemps frais, avec un mélange de 2 parties de farine d'orge, 1 de farine de parenchyme et 1 de farine de froment.

M. de Chambrand, ancien directeur des vivres, a fait entrer le parenchyme ou son de pomme de terre directement dans la composition du pain, sans aucune autre préparation. Voici comment MM. Payen et Chevallier décrivent son procédé :

Après avoir fortement exprimé le marc de pommes de terre, on le fait détremper dans son poids d'eau presque bouillante; on brasse bien ce mélange, et lorsqu'il est seulement tiède, c'est-à-dire à 30 ou 35 degrés de température, on y ajoute le levain, que l'on divise le plus exactement possible dans la masse, puis on ajoute successivement, par petites portions, un poids de farine de froment égal au sien. Il faut avoir soin de bien diviser tous les grumeaux, afin d'obtenir une pâte bien homogène. On procède ensuite au pétrissage, à l'enfournement, etc., à la manière ordinaire.

Le parenchyme des pommes de terre peut être encore employé comme engrais; il donne d'assez bons résultats.

Dans les arts, il sert à faire du carton commun, des tabatières. Égoutté et mélangé à partie égale avec de la sciure de bois, j'en ai fait ensuite, par compression, des mottes à brûler; seul, j'en ai également fait des mottes, mais brûlant moins bien.

D'autres personnes en ont fait des briquettes brûlant parfaitement bien et produisant, par leur combustion, une cendre très chargée d'alcali, par son seul mélange, à partie égale, avec le poussier de charbon de bois.

On a encore fait des briquettes en employant moitié parenchyme de pommes de terre et moitié escarbille ou résidu de la combustion du charbon de terre; on en a fait aussi avec le poussier de charbon de terre, dans les proportions suivantes :

| | |
|---|---|
| Poussier de charbon de terre. . | 50 part. |
| Argile grasse. . . . . . . . . . . . . . . | 10 |
| Son de pommes de terre. . . . . | 90 |

On fera enfin d'autres briquettes en mélangeant le parenchyme épuisé de la pomme de terre, avec le noir végétal lavé des raffineries, le menu du coke et beaucoup d'autres corps, en observant les règles de l'art, de donner au mélange du liant et une compression convenable.

## SECTION II.

### *Emploi de l'eau de végétation de la pomme de terre.*

Ayant reconnu que la partie aqueuse contenue dans les tubercules du *solanum tuberosum* était très apte à la fermentation, j'en fis emplir, en 1814, deux barriques à quelques pouces près; l'une, n° 1, demeura telle, et l'autre, n° 2, reçut 2 livres de pain de seigle, brisé seulement dans les mains. Les deux essais, placés de suite dans l'étuve ordinaire de mes fermentations de grains, où la température était alors maintenue à 18 degrés, entrèrent en fermentation le même jour et presque au même moment; il se passa ensuite, dans l'un et dans l'autre essai, les phénomènes qui caractérisent une fermentation vineuse ou alcoolique, c'est-à-dire qu'il y eut mouvement tumultueux et dégagement de l'acide carbonique. Dans l'essai n° 1, ces faits remarquables durèrent quarante heures, et dans le n° 2 soixante-dix heures. Moitié de l'un et de l'autre essai fut distillée dans un alambic ancien système. Le liquide de celui n° 1, encore opaque et gras, ne donna que des petites eaux; celui n° 2 fournit d'abord de l'eau-de-vie à 17 degrés, mais bientôt après à 15, 14, 13 et 12 degrés de Cartier.

L'autre moitié des deux essais fut placée dans l'étuve de la vinaigrerie. Le liquide n° 1 passa promptement à la putréfaction sans s'être acidifié, du moins d'une manière sensible, à la dégustation. Celui n° 2 fit de même; mais 2 litres environ de celui-ci, que j'avais séparé avec intention et mis dans un vase, afin de lui donner, comparativement, plus de surface que dans le tonneau, fournit, après dix-huit à vingt jours, un vinaigre léger, empreint de toute la saveur du liquide qui l'avait produit.

Cette opération d'alcoolisation et d'acétification de l'eau provenant des pommes de terre fut unique, quoique très imparfaite; elle ne prouve pas moins la possibilité de tirer parti d'un liquide qui est perdu chez tous les féculiers.

M. Pictel, de Genève, a observé que l'eau extraite des pommes de terre, employée pour arroser du gazon, a puissamment excité la force végétative, et que l'herbe a poussé beaucoup plus vigoureusement dans les endroits qui avaient été mouillés par cette eau.

Ce fait n'étonnera pas, si l'on se rappelle que

M. le baron Vogt a découvert que la partie aqueuse de la pomme de terre est un composé de substances végétales et de sel. C'est d'après cette propriété reconnue d'être un excellent engrais, que MM. Payen et Chevallier se sont réunis à M. Dutrembray, pour déterminer, autant que possible, d'une manière exacte, quelle était la quantité de matière solide contenue dans ce produit végétal, et qui pourrait servir d'engrais.

Plusieurs expériences conduisirent ces trois zélés propagateurs des arts à reconnaître que le produit liquide contenu dans la pulpe contenait un dixième de son poids de matière solide. L'eau existant dans les tubercules dans des proportions différentes, mais dont la moyenne peut être de 70 pour 100, et le produit en pommes de terre provenant d'un hectare étant, terme moyen, de 275 hectolitres, chaque hectolitre pesant 150 livres, cet hectare donne un résultat de 41,250 livres de pommes de terre, qui contiennent 28,907 livres de liquide, renfermant 2,490 livres de substances *fertilisantes*, composées de sels et de matière *végéto-animale*.

La partie aqueuse des pommes de terre, vu ses parties extractives, son acide végétal, ses sels; vu enfin tous les principes qui la constituent, peut s'appliquer encore au nettoyage et à la teinture des tissus.

En effet, M. Fouque ayant reconnu que du linge qui avait été lavé, chez le savant philanthrope Cadet-de-Vaux, dans l'eau séparée des tubercules, avait pris une belle couleur grise, chercha à donner aux fils la même teinte. Dans ce but, M. Fouque fit placer la partie aqueuse de la pomme de terre dans une bassine, et amener à ébullition; on y trempa alors des écheveaux de fil et de coton; on continua pendant quelque temps l'ébullition, on retira ensuite les écheveaux, dont les fils s'étaient colorés en gris. On soumit le fil ainsi teint à l'action de l'eau de savon, et plusieurs savonnages n'altérèrent en rien leur couleur.

M. Moris est le premier qui ait reconnu l'avantage d'appliquer le liquide contenu dans la pomme de terre au nettoyage de diverses étoffes, particulièrement des tissus de coton, de laine et de soie. Son procédé consiste à extraire l'eau de végétation avec beaucoup de soins, afin de l'avoir dégagée de toutes substances étrangères. Son emploi est facile : on étend sur une table bien nette, légèrement inclinée et recouverte d'une toile bien propre, l'objet qu'on veut nettoyer; on frotte légèrement cette étoffe avec une éponge qui a été trempée dans le liquide séparé des pommes de terre ; on recommence à plusieurs reprises cette espèce de lavage, et lorsqu'on a terminé, on rince les objets lavés dans de l'eau bien claire. On porte ensuite ces objets à sécher ; ils sont parfaitement propres quand l'opération a été bien conduite.

Dans ces deux applications de l'eau végétale de la pomme de terre, faites, l'une par M. Fouque, l'autre par M. Moris, comment se fait-il que les résultats soient si différens ? La liqueur est la même ; seulement elle est employée bouillante par M. Fouque, pour donner une teinture grise au fil et au coton ; au contraire, elle est employée à froid et par imbibition sur le coton, la laine et la soie, par M. Moris, pour les nettoyer sans occasioner aucune teinte. Ces effets si différens, assez surprenans d'ailleurs, sont-ils dus à la différence de la température du liquide au moment de chacune des opérations ? C'est ce que MM. Payen et Chevallier ne disent pas dans leur excellent *Traité sur la Pomme de Terre*, dans lequel on rencontre ces deux procédés décrits.

# CHAPITRE IV.

## *Du Blanchîment de la fécule par un intermède chimique.*

Pour entreprendre la fabrication de la fécule de pommes de terre avec avantage, il ne suffit pas de savoir extraire la fécule avec économie de dépense, et de connaître tous les emplois qu'on peut donner aux résidus de la pomme de terre, il faut encore savoir donner de la blancheur aux fécules bises, quand on en a. A cet effet, je vais rapporter le procédé indiqué par M. Samuel Hall.

On délaie du chlorure de chaux bien préparé (1) dans cinq à six fois son poids d'eau; on laisse déposer. On décante le liquide clair et on délaie le dépôt dans une quantité d'eau égale à la première; on laisse encore déposer, puis

(1) On trouve cette substance chez MM. Payen, Ador et Bonnaire, faubourg Saint-Martin, n° 43, au prix de 1 fr. 50 le kilogramme, et chez tous les fabricans de produits chimiques.

on tire au clair; on recommence encore deux fois ces lavages, et l'on réunit toutes les solutions limpides. Cinq à six centièmes de cette liqueur suffisent pour opérer le blanchîment de la fécule. On conçoit que l'on en doit employer plus ou moins, suivant que l'amidon ou fécule est plus ou moins sale. Voici comment on opère :

On délaie la fécule dans trois fois son poids d'eau ou plus, et tandis qu'elle est encore tenue en suspension, à l'aide du mouvement, on verse dans le mélange de cinq à six centièmes de son poids de la solution de chlorure préparé comme il est dit ci-dessus ; on agite l'eau pendant quelques minutes, puis on laisse déposer. On réitère cette agitation deux ou trois fois dans l'intervalle de temps de vingt à trente minutes ; alors on laisse déposer, puis on décante le liquide surnageant : celui-ci peut être mis de côté, pour commencer le blanchîment d'une nouvelle quantité de fécule, et économiser ainsi un tiers du chlorure de chaux.

On ajoute sur le dépôt de fécule de l'eau claire, en quantité à peu près égale à celle du liquide précédemment décanté; on brasse bien, puis on laisse déposer, et l'on tire au clair le liquide surnageant, que l'on peut jeter. On réitère ces additions d'eau, touillages et décantations, jusqn'à ce que l'odeur du chlore ait disparu; alors on laisse égoutter le dépôt de fécule, et on le fait dessécher par les moyens ordinaires.

On obtient, par ce procédé, un produit d'une blancheur remarquable, et qui mérite la préférence sur l'amidon ou fécule ordinaire.

M. Samuel Hall applique ce moyen à la fécule qu'il destine pour certains apprêts, où une grande blancheur est indispensable. Il observe, dans cette circonstance, de bien faire laver la fécule après la réaction du chlorure, afin d'enlever les dernières parties de cet agent; car s'il en restait une quantité appréciable, le bleu d'indigo, que l'on emploie avec la fécule dans les mêmes apprêts, serait en partie ou en totalité décoloré, et au lieu de relever l'éclat du bleu, il lui donnerait une teinte jaune.

# CHAPITRE V.

## *Des Avantages d'une féculerie de pommes de terre.*

Après avoir donné tous les détails qui précèdent sur la fabrication de la fécule et sur les emplois des trois produits de la pomme de terre, il ne pourra qu'être utile de faire connaître quel est le plus avantageux de monter une féculerie à la ville ou à la campagne.

Les trois opérations qui suivent le cadre ci-après des dépenses d'un établissement de féculerie répondront à cette question.

### SECTION PREMIÈRE.

*Coût et récapitulation des ustensiles nécessaires pour la fabrication de 1000 livres fécule sèche par jour.*

---

*Pour le lavage des pommes de terre.*

| | fr. | c. |
|---|---|---|
| 1 Pompe en bois à eau, environ | 100 fr. | c. |
| 1 ou 2 grands tonneaux, servant de réservoir à eau... | 20 | |
| | 120 fr. | |

| | | fr. | c. |
|---|---|---|---|
| | *Report*.... | 120 | |
| 4 | Tonneaux Orléans, pour tremper et laver la pomme de terre, à 3 fr.............. | 12 | |
| 1 | Manne en osier............. | 3 | |
| 1 | Seau percé................ | 2 | 50 |
| 1 | Pelle percée............... | | 75 |
| 1 | Pelle ordinaire............. | | 75 |

*Pour le râpage.*

| | | | |
|---|---|---|---|
| 1 | Râpe mécanique à bras, de 3 à | 400 | |
| 1 | Caisse servant de baquet ou de réservoir pour la pulpe..... | 40 | |
| 1 | Plancher volant, au-dessus de la râpe, pour supporter des pommes de terre.......... | 25 | |

*Pour le tamisage.*

| | | | |
|---|---|---|---|
| 20 | Tonneaux Orléans, à 3 fr.... | 60 | |
| 2 | Tamis de crin............. | 16 | |
| 1 | *Idem.*, de rechange. ...... | 8 | |
| 2 | Pelles à démêler........... | 1 | 40 |
| 2 | Siphons en fer-blanc........ | 8 | |
| 2 | Baquets à son. ............ | 5 | |
| 2 | Seaux ferrés............... | 5 | |
| | | 707 fr. | 40 c. |

| | fr. | c. |
|---|---|---|
| *Report*..... | 707 fr. | 40 c. |

*Pour les rafraîchis et laver les blancs.*

| | fr. | c. |
|---|---|---|
| 7 à 10 Tonneaux pour doubler et faire le rafraîchi, à 3 fr..... | 30 | |
| 10 *Idem.*, pour dessabler la fécule, mettre les rinçures, les rafraîchir et les passer...... | 30 | |
| 2 Tamis de soie............. | 20 | |
| 2 Siphons ou pompes......... | 8 | |
| 2 Mains de fer.............. | 6 | |
| 2 Pelles à démêler........... | 1 | 40 |
| 2 Sébilles en bois............ | 3 | |
| 2 Seaux.................... | 5 | |
| 12 Bachots pour égoutter la fécule.................... | 36 | |
| 36 Toiles à bachots........... | 27 | |

*Pour la dessiccation de la fécule.*

| | fr. | c. |
|---|---|---|
| 1 Aire ou un plancher en plâtre pour absorber la première humidité, environ........ | 100 | |
| Des hâloirs ou séchoirs à jours, formés de tablettes en bois, pour hâler la fécule sortant du plâtre................ | 100 | |
| | 1073 fr. | 80 c. |

| | | fr. | c. |
|---|---|---|---|
| | *Report*.... | 1073 fr. | 80 c. |
| 1 | Étuve en bois et plâtre...... | 350 | |
| 1 | Poêle et ses tuyaux......... | 150 | |
| 1 | Raclette en fer............. | 3 | |
| 2 | Pelles en bois.............. | 1 | 40 |

*Dépenses supplémentaires.*

| | | fr. | c. |
|---|---|---|---|
| 1 | Blutoir à coffre, pour tamiser la fécule................. | 200 | |
| 1 | Rouleau chargé........... | 40 | |
| 20 | Sacs au moins pour ensacher la fécule................. | 50 | |
| 1 | Diable ou une brouette de meunier................ | 6 | |
| | Divers petits accessoires, comme brosses, tabliers, etc., etc., et autres dépenses, nécessitées par la localité, ou commandées par l'économie de la main-d'œuvre........... | 125 | 80 |
| | | 2000 fr. | c. |

## SECTION II.

*Compte simulé des dépenses et des avantages d'une fabrication de 1500 livres fécule verte, ou de 1000 livres fécule sèche par jour, à l'aide des ustensiles ci-dessus décrits.*

---

*Travail exécuté à Paris.*

| | | | | |
|---|---|---|---|---|
| 20 Setiers pommes de terre de 150 kilogrammes chaque, à 3 fr., année commune...... | | | 60 | |
| Combustible pour la dessiccation. | | | 7 | 50 |
| Frais de blutage de la fécule..... | | | 2 | 50 |
| 1 Pompeur d'eau. | 2 fr. | 50 c. | | |
| 1 Laveur....... | 2 | 50 | | |
| 2 Râpeurs....... | 6 | | | |
| 1 Engreneur..... | 1 | | | |
| Le râpage étant la clef de l'ouvrage, il conviendrait mieux de mettre les râpeurs à leur tâche. | | | | |
| 2 Tamiseurs, à 3 f. | 6 | | 30 | |
| 2 Ouvriers pour les blancs, et donner leurs soins ailleurs....... | 6 | | | |
| 1 *Id.* pour l'étuv. | 3 | 50 | | |
| 1 Aide......... | 2 | 50 | | |
| | | | 100 fr. | c. |

| | | | | |
|---|---|---|---|---|
| *Report*.... | | | 100 fr. | c. |
| Menus frais................. | | | 1 | |
| Transport de la fécule.......... | | | 2 | |
| Intérêt d'un capital de 600 fr., employé par semaine, à 6 pour 100 pour un jour........ | | 10c. | 4 | 4 |
| Un jour de loyer, à 800 fr. par an. | 3 | 28 | | |
| Usure des ustensiles, à 12 p. 100 pour les 2000 fr.... | 66 | | | |
| Entretien des ustensiles........ | | | 1 | 25 |
| Total des dépenses.. | | | 108 fr. | 29 c. |

*Produits obtenus.*

| | | |
|---|---|---|
| 1000 Livres, ou 500 kilogrammes fécule sèche, première qualité, à 12 fr. le cent, taux le plus ordinaire, 120 fr., ci............. | 120 fr. | 130 fr. |
| 5 Tonneaux de gâchis, à 2 fr..... | 10 | |

| | | |
|---|---|---|
| En déduisant la dépense ci-dessus de 108 fr. 29 c., le bénéfice d'un jour sera de.......... | 21 fr. | 71 c. |
| Celui d'un mois de ving-six jours de travail, de.......... . | 564 | 46 |
| Celui enfin de toute la campagne, c'est-à-dire du 1er septemb. (1) à la fin de mai, ou de neuf mois de vingt-six jours, sera de...................... | 5080 | 14 |

Le bénéfice à faire sur la fécule verte est le même que sur la sèche; car, contenant dans cet état un tiers d'humidité, elle a un tiers moins de valeur dans le commerce que la fécule sèche. Cependant il y a des instans où l'avantage du fabricant est plus grand quand il peut livrer en vert; mais le plus souvent c'est à son industrie qu'est dû cet avantage.

---

(1) A Paris, quelques établissemens commencent au 15 août et finissent le 15 juin.

## SECTION III.

*Travail exécuté dans une campagne un peu éloignée, pour servir de comparaison à celui effectué à Paris ; même compte simulé pour* 1000 *livres fécule sèche, à l'aide des mêmes ustensiles et par les mêmes procédés que dessus.*

| | | | | |
|---|---|---|---|---|
| 20 Setiers pommes de terre de 150 kilogr., à 2 fr. 50 c.... | | | 50 fr. | c. |
| Combustible pour la dessiccation. | | | 7 | 50 |
| Frais du blutage de la fécule.... | | | 2 | 50 |
| 1 Pompeur....... | 1 fr. | 50c. | | |
| 1 Laveur........ | 1 | 50 | | |
| 2 Râpeurs........ | 3 | 50 | | |
| 1 Engreneur...... | | 75 | | |
| 2 Tamiseurs...... | 3 | 50 | 17 | 75 |
| 2 Ouvriers pour les blancs........ | 3 | 50 | | |
| 1 *Idem.* pour l'étuve.......... | 2 | | | |
| 1 Aide........... | 1 | 50 | | |
| Menus frais.................. | | | 1 | |
| Transport de la fécule par roulage.................... | | | 10 | |
| | | | 88 fr. | 75 c. |

| | | |
|---|---|---|
| *Report....* | | 88 fr. 75 c. |
| Intér. d'un capit. employé de 1200 fr. au lieu de 600, pour un jour... | 0 fr. 20 c. | |
| Un jour de loyer, à 400 fr. par an... | 1 64 | 2 50 |
| Usure des ustensiles, à 12 p. 100 pour les 2000 fr..... | 66 | |
| Entretien des ustensiles........ | | 1 25 |
| TOTAL.... | | 92 fr. 50 c. |

*Produits obtenus.*

| | | |
|---|---|---|
| 1000 Livres fécule sèche, à 12 fr. | 120 | |
| 5 Tonneaux de son, à 1 fr. seulement............ | 5 | |
| | 125 fr. | |
| En déduisant la dépense de.... | 92 | 50 |
| Le bénéfice d'un jour sera de.... | 32 | 50 |

Si l'on joint à ce bénéfice celui qui pourrait résulter de la vente présumable de l'eau contenue dans la pomme de terre, pour l'engrais des

| | |
|---|---|
| *Report....* | 32 fr. 50 c. |
| terres, savoir : 4200 livres par jour, à 1 fr. le mille..... | 4 20 |
| Il sera alors de...... | 36 fr. 70 c. |

## SECTION IV.

*Travail exécuté par le cultivateur, pour servir de comparaison aux deux comptes simulés qui précèdent.*

Tous les cultivateurs ne peuvent pas avoir l'avantage de livrer leurs pommes de terre aux féculiers, souvent à cause de leur éloignement de ces sortes d'établissemens, ou encore, le mauvais état des chemins leur rend les transports trop coûteux. N'ayant donc le plus souvent, pour en tirer parti, que la seule ressource de donner leurs pommes de terre aux bestiaux, il doit leur importer de connaître les avantages résultans de l'application d'une féculerie dans leur domaine. Avant tout détail à ce sujet, je me reporterai, eu égard aux circonstances ci-dessus, au prix auquel la pomme de terre revient à l'agriculteur, sans aucun bénéfice de culture, et ce sera, d'après les écrits des meilleurs agronomes, 1 fr. 75 c. le setier. Je compterai néanmoins 2 fr. dans le compte qui va suivre, eu égard à la qualité des terres et à la variété des engrais employés.

| | | | |
|---|---|---|---|
| 20 Setiers pommes de terre de 150 kilogrammes, à 2 fr.... | | 40 fr. | c. |
| Combustible pour la dessiccation. | | 7 | 50 |
| Frais de blutage de la fécule..... | | 2 | 50 |
| Frais de onze ouvriers, comme dans le compte de ci-dessus... | | 17 | 75 |
| Menus frais, *idem*. .......... | | 1 | |
| Transport de la fécule......... | | 10 | |
| Intérêt d'un capital de 1200 fr., à 6 p. 100. | 20 c. | | 86 |
| Un jour de loyer...... | 0 | | |
| Usure des ustensiles, à 12 p. 100, pour les 2000 fr.......... | 66 | | |
| Entretien des ustensiles......... | | 1 | 25 |
| | | 80 fr. | 86 c. |

*Produits obtenus.*

| | | |
|---|---|---|
| 500 Kilogrammes fécule sèche, à 24 fr.................. | 120 | |
| 5 Tonneaux de gâchis....... | 5 | |
| | 125 fr. | |
| En déduisant la dépense de.... | 80 | 86 |
| Le bénéfice présumé sera de... | 44 fr. | 14 c. |

*Récapitulation des dépenses et des résultats de l'opération contenue dans chacune des sections qu précèdent.*

| SECTION. | LIEU de l'opération. | POMMES de TERRE. Nombre de setiers. | POMMES de TERRE. Valeur. | FRAIS généraux de FABRICATION. | DÉPENSES GÉNÉRALES. | PRODUITS EN — FÉCULE verte. | FÉCULE sèche. | SON mouillé, nombre de tonneaux. | SON pressé et séché. | EAU DE VÉGÉTAT. ou en engrais liquide. | EAU DE VÉGÉTAT. solide. | PRODUITS PÉCUNIERS. | BÉNÉFICES non compris l'eau de végétation. | BÉNÉFICES y compris l'eau de végétation. |
|---|---|---|---|---|---|---|---|---|---|---|---|---|---|---|
| *D'un jour.* | | | | | | | | | | | | | | |
| | | | f. | f. c. | f. c. | l. | l. | | l. | | | f. | f. c. | f. c. |
| 2 | A Paris. | 20 | 60 | 48 29 | 108 29 | | | | | | | 130 » | 21 71 | |
| 3 | A la campag. | 20 | 50 | 42 50 | 92 50 | 1500 | 1000 ou 500k. | 5 | 350 | 4200 | 420 | 125 » | 32 50 | 36 70 |
| 4 | Chez le cult. | 20 | 40 | 40 86 | 80 86 | | | | | | | 125 » | 44 14 | 48 34 |
| *D'un mois de 26 jours de travail.* | | | | | | | | | | | | | | |
| 2 | A Paris. | 520 | 1560 | 1255 54 | 2815 54 | | | | | | | 3380 » | 564 46 | |
| 3 | A la campag. | 520 | 1300 | 1105 » | 2405 » | 39000 | 26000 | 130 | 9100 | 109200 | 10920 | 3250 » | 845 » | 954 20 |
| 4 | Chez le cult. | 520 | 1040 | 1062 36 | 2102 36 | | | | | | | 3250 » | 1147 64 | 1256 84 |
| *De neuf mois de 26 jours de travail.* | | | | | | | | | | | | | | |
| 2 | A Paris. | 4680 | 14040 | 11296 36 | 25339 86 | | | | | | | 30420 » | 5080 14 | |
| 3 | A la campag. | 4680 | 11700 | 9945 » | 21645 » | 351000 | 234000 | 1170 | 81900 | 982800 | 98280 | 29250 » | 7605 » | 8587 80 |
| 4 | Chez le cult. | 4680 | 9360 | 9561 24 | 18921 24 | | | | | | | 29250 » | 10328 76 | 11311 56 |

# *Récapitulation des dépenes sections qui*

| SECTION. | LIEU de L'OPÉRATION. | POMMES de TERRE. Nombre de setiers. | Valeur. | BÉNÉFICES n compris l'eau de gétation. | | y compris l'eau de végétation. | |
|---|---|---|---|---|---|---|---|
| | | | f. | f. | c. | f. | c. |
| 2 | A Paris. | 20 | 60 | 21 | 71 | | |
| 3 | A la campag. | 20 | 50 | 32 | 50 | 36 | 70 |
| 4 | Chez le cult. | 20 | 40 | 44 | 14 | 48 | 34 |
| 2 | A Paris. | 520 | 1560 | 564 | 46 | | |
| 3 | A la campag. | 520 | 1300 | 345 | » | 954 | 20 |
| 4 | Chez le cult. | 520 | 1040 | 47 | 64 | 1256 | 84 |
| 2 | A Paris. | 4680 | 14040 | 80 | 14 | | |
| 3 | A la campag. | 4680 | 11700 | 05 | » | 8587 | 80 |
| 4 | Chez le cult. | 4680 | 9360 | 28 | 76 | 11311 | 56 |

| | |
|---|---|
| *Report....* | 44 fr. 14 c. |
| Si l'on donne une valeur à l'emploi de l'eau de végétation de la pomme de terre, et c'est ici le cas d'en faire usage pour l'engrais des terres, ce sera, pour les 4200 livres, par jour, à 1 fr. du mille....... | 4 20 |
| | 48 fr. 34 c. |

Une récapitulation exacte des dépenses et des résultats de ces trois opérations, sous un même cadre, fera mieux ressortir les avantages de chacune d'elles, en même temps qu'elle nous fera connaître combien de pommes de terre il faut au féculier pour entretenir son établissement, et combien il peut s'engager de livrer de fécule par semaine ou par mois.

---

En jetant un coup d'œil sur ce cadre des récapitulations des dépenses et des résultats de l'extraction de la fécule et de l'emploi des résidus de la pomme de terre, on remarque un avantage plus que double en exploitant cette branche d'industrie sur une campagne un peu éloignée de Paris, même en laissant, comme ici, perdre l'eau contenue dans la pomme de terre.

Les causes de ce surcroît de bénéfice sont pour

ainsi dire naturelles, et les ayant successivement fait connaître par les détails des sections III et IV, je ne m'arrêterai pas à les rappeler ici.

Néanmoins, je ne pourrais trop recommander l'usage de l'eau contenue dans la pomme de terre, car la valeur de 1 fr. que je lui alloue par chaque 500 kilogrammes, est bien au-dessous de celle qu'elle rend au cultivateur dans l'emploi qu'il en peut faire pour la fertilisation de ses domaines.

Il suffit, pour lui reconnaître les qualités les plus propres à la végétation, de remarquer que cette partie aqueuse des pommes de terre contient un dixième d'engrais bien divisé et qui peut être absorbé facilement par les végétaux.

Ainsi, pour tirer parti de l'eau de végétation de la pomme de terre, il suffirait de recueillir les premiers lavages de la pulpe et on y parviendrait aisément, soit en pratiquant sur le sol, dans la manière ordinaire d'opérer, un égout pour recevoir les eaux des tonneaux des tamiseurs, soit en les recueillant dans une gouttière placée au-dessous du trop plein du dernier tonneau des tamiseurs, ainsi qu'il est indiqué dans mon mode de perfectionnement du tamisage, qui les conduirait dans un bassin au dehors de l'atelier, d'où elles seraient enlevées au moyen de tonneaux semblables à ceux destinés à l'arrosement public, et transportées sur les prairies artificielles, sur les terres arables, dans les champs de céréales, avant ou après le semis, ou bien encore après la coupe des foins, des luzernes, etc., où elles seraient employées à arroser toute la superficie de la terre.

L'eau contenue dans la pomme de terre, supérieure en qualité à celle du rouissage du chanvre et du lin, indiquée par sir Humphry Davy, comme un très bon engrais, trouvera un jour, je l'espère, son application dans la grande culture.

---

# CHAPITRE VI.

## *De quelques améliorations et moyens économiques pour extraire et sécher la fécule des pommes de terre.*

De tout ce qui précède, il résulte des diverses manipulations nécessaires pour extraire la fécule des pommes de terre, que les moyens économiques à employer pour former ce genre d'industrie devront être subordonnés aux localités et à l'importance de l'établissement. Ici, ces moyens pourront donc être exécutés à bras d'hommes, par un manége ou une pompe à feu; là, au contraire, ils le pourront par un courant ou une chute d'eau.

Dans l'un et l'autre cas, on reconnaît qu'un déchirement de la pomme de terre, plus parfait encore que celui opéré par la râpe de Burette, devra être recherché, surtout dans les établissemens où la pulpe épuisée est vendue à vil prix, puisqu'il est démontré par l'analyse que ce résidu séché contient encore une bonne moitié de son poids de fécule. Il n'est donc pas inutile de rechercher un meilleur râpage.

Pour ce qui est du tamisage de la pulpe et du rafraîchi, indépendamment de ce que les légères modifications que j'ai consignées, pages 27 et suivantes, pour effectuer ces opérations avec plus de promptitude et sans perte de fécule, offrent des améliorations marquantes aux moyens routiniers ordinaires, elles indiquent aussi, ce me semble, la base des principes sur lesquels doit être fondée l'exécution de toute machine destinée à ce genre d'opération.

Je vais saisir cette circonstance pour faire connaître le nouveau procédé de tamisage de M. Saint-Étienne, que j'ai déjà eu l'occasion de citer. Il y a une telle similitude dans le principe d'application, qu'il viendra à l'appui de ce que j'ai avancé. Voici textuellement les renseignemens qui m'ont été adressés par l'auteur :

« Partout où des essais comparatifs ont été » faits hors l'influence des ouvriers manipula- » teurs, et les produits en résultant mis sous » clefs, après chaque opération terminée, j'ai » obtenu de plus grands avantages.

» Un appareil de première grandeur, monté » d'une râpe et de deux tamis mécaniques, dits » *accélérateurs*, mu par une force équivalente

» à celle de trois chevaux, peut râper et tamiser tout-à-la-fois jusqu'à dix setiers de pommes de terre par heure, ce qui fait, en conséquence, une économie de neuf à dix ouvriers tamiseurs.

» Le mécanisme de mes appareils est simple et à la portée de l'ouvrier le moins intelligent. Construits solidement, ils sont peu susceptibles de réparations : ceux de la plus grande dimension n'occupent que 4 à 5 pieds carrés ; un homme seul fait sans peine le service de cette machine. »

Ces appareils, dans l'origine, ne portaient qu'un seul tamis mécanique ; maintenant, l'auteur en a porté le nombre jusqu'à trois. Le tamis principal, dit *accélérateur*, monté d'une toile ordinaire ou métallique, reçoit et lave la pulpe telle que la râpe la donne ; les produits de cette première opération retombent d'eux-mêmes dans les tamis perfectionneurs, lesquels étant montés de toiles plus fines, épuisent le menu parenchyme ou petit son que retenaient encore les premiers produits, de manière qu'à la sortie de ces tamis perfectionneurs, la fécule se trouve dégagée de tous corps étrangers, et les petits sons, qui y étaient mêlés, sont expulsés par les agitateurs des tamis épuisés de toute fécule. L'auteur, breveté pour cinq ans, en janvier 1826, demeure toujours rue de la Colombe, n° 4, quai de la Cité.

Quant au séchage de la fécule, les moyens de perfectionnemens que j'ai fait entrevoir ne sont pas impossibles; les principes nécessaires à ce genre de dessiccation nous étant d'ailleurs maintenant bien connus, on ne peut s'attendre qu'à d'heureuses innovations. Parmi celles-ci, on remarque déjà avec satisfaction celle faite par M. Bella, directeur de la ferme expérimentale de Grignon, sur la construction d'une nouvelle étuve à tiroirs. J'apprends qu'il sera question, dans le deuxième rapport sur l'institution, qui est déjà à l'impression, de la description du plan et des avantages de cette étuve.

## CHAPITRE VII.

### *Caractères de la fécule, ses propriétés et ses emplois divers.*

Les principaux caractères qui distinguent la fécule sont l'insolubilité dans l'eau froide, et la propriété qu'elle a de faire colle avec l'eau chaude. On a vu que, séparée de tout ce qui peut lui être étranger, elle présente un état pulvérulent plus ou moins atténué, d'un blanc parfait, n'ayant ni odeur ni saveur sensibles.

On a long-temps supposé, mais à tort, que la fécule variait dans ses propriétés, suivant les diverses variétés de la pomme de terre; mais il est maintenant bien reconnu qu'il y a identité de composition dans les principes, non-seulement dans la fécule qui provient de toutes les variétés de pommes de terre, mais aussi des autres plantes. On admet, par exemple, une différence de forme dans la constitution de chaque grain de fécule, non-seulement des divers végétaux, mais encore dans le même végétal : de même qu'on admet aussi quelques corps étrangers, notamment une huile essentielle, difficile à séparer, modifiant le goût des fécules des différens végétaux, mais sans influence sous le rapport de sa qualité nutritive et sur ses effets hygiéniques.

Ainsi, les fécules qui nous viennent des Indes, dites *tapioka*, résultant de la purification de la cassave, qui est extraite de la racine de manioc; le *salep*, qui est tiré de l'archis-morio; le *sagou*, qu'on prépare avec la partie interne du sagouier farinifère, etc., ne peuvent être recherchées que des gens riches, parce qu'elles coûtent cher; elles forment, en quelque-sorte, des alimens de luxe que la fécule de pommes de terre peut fort bien remplacer. Cette dernière se vendant à un prix beaucoup plus bas, offre un appât à la fraude, et se trouve mélangée avec les autres.

Dans l'économie domestique, on emploie la fécule pour suppléer à la farine pour les bouillies des enfans et pour nourrir les personnes faibles et convalescentes. On en fait des potages au gras et au maigre pour les personnes dont la poitrine est délicate.

Pour faire cuire la fécule dans le lait ou le bouillon, on fait chauffer de ces liquides jusqu'à ébullition, un quart de litre, par exemple, et on y ajoute, en remuant, une cuillerée de fécule qu'on a au préalable délayée avec deux ou trois cuillerées de bouillon ou d'eau presque ou tout-à-fait froid, puis on maintient l'ébullition pendant quelques minutes. J'ai remarqué que, de cette manière, la gelée qui provient est homogène et sans dépôt, par conséquent de beaucoup préférable au moyen ordinaire, de mettre chauffer et de cuire ensemble le liquide et la fécule ou la farine délayée.

On fait usage de la fécule dans les arts du pâtissier, du chocolatier, de l'apprêteur, de l'imprimeur d'indienne, du chapelier, du papetier, etc.

Si on la distille avec l'acide nitrique, elle se convertit en acide oxalique ;

Étendue d'eau et traitée à chaud par l'acide tartrique, elle se convertit en gomme ;

Traitée par l'acide sulfurique étendu d'eau, elle se convertit en liquide sucré ;

Cuite dans l'eau, avec un peu d'alun, elle forme une colle qui remplace celle de farine ;

Employée dans les cirages anglais, elle remplace le sucre et la gomme ;

Elle sert dans les préparations des encollages et de peinture en détrempe, en remplacement de la colle forte ;

On s'en sert pour falsifier une infinité de substances, même le savon, et pour imiter le tapioka, le riz, la semoule, le gruau, etc.

A l'effet de préparer le tapioka, on réduit la fécule humide en pâte dans une chaudière qui est échauffée graduellement ; on la fait grumeler à l'aide d'une spatule, en grumeaux les plus petits possible ; on étend ceux-ci sur des canevas de toile tendus sur des châssis que l'on dispose dans une étuve semblable à celle du féculier : lorsque la dessiccation est complète, on passe les grumeaux dans un gros tamis ou toile métallique, afin de séparer les plus gros morceaux ; tout ce qui passe ressemble au tapioka de grosseur inégale. On peut le diviser en plusieurs produits qui offrent chacun moins de variations dans leur grosseur et sont plus faciles à faire cuire au point convenable, en tamisant ces grumeaux desséchés successivement dans deux ou trois tamis graduellement plus serrés.

Les plus gros morceaux, séparés dans le premier tamisage, peuvent être concassés au moulin, pour en faire du tapioka de différentes grosseurs, ou réduit en farine.

En réglant à volonté la mouture et les tamisages de la fécule cuite et desséchée, on prépare et l'on vend aujourd'hui dans le commerce, divers produits employés surtout dans la confection des potages, sous les noms de *tapioka*, *sagout*, *riz*, *semoule*, *gruau*, *salep de fécule*; mais, je le répète, l'action de toutes les fécules sur l'économie animale, est absolument la même.

On se sert particulièrement de la fécule dans la boulangerie; elle a même été cette année d'un avantage marqué dans la préparation du pain, et deviendra, lorsqu'elle sera encore mieux appréciée, d'un emploi général chez tous les boulangers et dans tous les ménages. Déjà M. D'Arcet a plus que fait d'introduire la fécule dans le pain; il est parvenu, en février dernier, à panifier la pomme de terre, même sans l'intermède d'aucun mélange de farine. Pour préparer 100 kilogrammes de farine de pommes de terre, propre à la panification, ce savant emploie (n° 10 de *l'Industriel*) :

| | fr. | c. |
|---|---|---|
| 264 kilogrammes de pommes de terre qu'il évalue à......... | 4 fr. | 95 c. |
| Houille pour cuire ces pommes de terre, à la vapeur. ........ | | 65 |
| 12 kilogrammes de gélatine...... | 12 | |
| 4 kilogrammes de sucre de fécule ou de raisins.............. | 2 | |
| | 19 fr. | 60 c. |

| | | |
|---|---|---|
| *Report*.... | 19 fr. | 60 c. |
| Main-d'œuvre pour cuire ou écraser la pomme de terre et pour y mélanger la gélatine et la matière sucrée............. | 4 | |
| Le dixième des dépenses ci-dessus en sus pour tous les autres frais..................... | 2 | 36 |
| TOTAL.... | 25 fr. | 96 c. |

La plus grande application enfin de la fécule dans les arts, après ceux ci-dessus désignés, a lieu principalement dans la fabrication du sucre, des sirops, de la bière, du vin, du cidre, des eaux-de-vie, du vinaigre. Toutes ces branches d'industrie étant celles que je professe, j'entrerai dans de plus longs détails à leur sujet dans les sections suivantes.

## SECTION PREMIÈRE.

### *Conversion de la fécule en sucre.*

La conversion en sucre de la fécule, au moyen de l'acide sulfurique, est une des applications auxquelles la pomme de terre doit sa plus grande consommation. Dès la publication de cette découverte, beaucoup de chimistes, tels que MM. Vogel, Lampadius, Ittner, Keller et Clément Désormes, s'empressèrent de la perfectionner; mais c'est en vain qu'ils ont essayé de la porter à ce degré de perfection, qu'il pût en résulter une substance identique avec le sucre de cannes et de betteraves.

Long-temps je me suis occupé d'une semblable recherche, et si je n'ai pas eu plus de succès que les savans qui s'en sont occupés, je ne suis cependant point sans espérance qu'on y arrivera un jour. J'en espère ainsi, d'après les étonnantes variations qu'apporte, dans le produit de cette opération, le plus petit changement dans les proportions et dans le contact plus ou moins prolongé des substances nécessaires pour l'effectuer sous un degré de chaleur plus ou moins élevé. Je pourrais citer, à ce sujet, une foule de faits qui m'ont conduit, sinon à obtenir un sucre concret, isolé de toute substance gommeuse, mais à donner au sucre liquide ou au sirop, soit une qualité qui le rend entièrement propre à remplacer, avec économie, le sucre des îles dans ses principaux emplois, soit des qualités qui le rendent plus convenable aux opérations du brasseur, du fabricant de cidre, du vigneron, du liquoriste, du distillateur, etc.

De tous ces moyens de fabriquer le sirop de fécule de qualités et de propriétés différentes, je ne vais communiquer que ceux propres à fabriquer le sirop convenable à la distillation et à la vinaigrerie; ne pouvant d'un côté communiquer les moyens de faire les sirops convenables aux brasseries et aux cidreries, qui sont devenues cette année la propriété de M. Teissier, successeur de l'établissement de ce genre de produit que j'avais formé depuis sept ans, et de l'autre, obligé, par nécessité, de me conserver, pour en tirer parti, ceux nécessaires pour le sirop inodore, incolore et sans amertume, réunissant le mérite de ne pas se grener, ni se solidifier en aucune manière, dès lors, convenable à la cuve du vigneron, aux liquoristes, aux confiseurs, aux pharmaciens et dans tous les usages domestiques, en remplacement du sucre blanc.

Les procédés que je vais faire connaître, qui me sont particuliers pour la fabrication du sirop de fécule destiné à la fabrication des eaux-de-vie, diffèrent, non-seulement dans les proportions des diverses substances nécessaires établies par nos premiers auteurs, mais aussi dans la manipulation et dans la disposition de l'appareil à ce destiné.

Il est encore une autre saccharification de la fécule de pommes de terre, au moyen du malte ou orge germée des brasseurs, qui est d'un grand mérite, et qui est due à M. Dubrunfaut, dont j'aurai aussi bientôt l'occasion de parler.

*Fabrication du sirop de fécule par l'acide sulfurique.*

A est une chaudière en cuivre munie de son couvercle B, et d'un trou d'homme C adapté sur la chaudière, à l'aide de vis et écrous.

Le couvert B porte un tube recourbé, dit *de vapeur* C, D, garni d'un clapet aussi en cuivre E, pour empêcher l'absorption du liquide de la cuve dans la chaudière.

F, G est un tube plongeur de sûreté, qui sert en même temps à renouveler ou à entretenir l'eau au même niveau.

Ce tube sert comme tube de sûreté, en ce qu'il laisserait dégorger l'eau par l'ouverture G, si le robinet de vapeur n'étant pas ouvert, ou le clapet ne jouant pas, la pression était trop grande dans la chaudière; il livre passage à la vapeur, à l'eau bouillante elle-même, et annonce par là que la chaudière a besoin d'eau.

H est un robinet de trop plein qu'on laisse ouvert dans le chargement de la chaudière.

I, un niveau, ou tube gradué en verre, pour indiquer la hauteur de l'eau, et démontrer, au besoin, la quantité dépensée.

1, 2, Petits robinets pour éviter la déperdition de l'eau de la chaudière, si le niveau venait à être cassé.

J, J, fourneau en maçonnerie, destiné à recevoir et chauffer la chaudière.

K, cendrier.

L, foyer éloigné de 11 pouces du fond de la chaudière pour la combustion du charbon de terre, et de 12 à 14 pour celle du bois.

MM, galerie circulaire ou tour à feu pour conduire la fumée dans la cheminée.

N, cuve en sapin du nord, d'au moins 2 pouces d'épaisseur, fermant hermétiquement par le couvercle bombé en cuivre O, garni d'une ouverture conique ou d'un entonnoir sans douille avec rebord P, fermant bien, et servant au chargement et au nettoiement de la cuve, dans le milieu duquel est figuré un trou rond.

Cette cuve reçoit la vapeur par le tuyau *qq*.

R est un tuyau garni d'une légère soupape à son endroit R, pour donner du dégagement aux vapeurs de la cuve, quand elles ne peuvent pas se dégager par le trou établi dans la caisse conique du chargement P.

S, autre tuyau, garni à sa partie *s* d'une soupape à renifler, pour donner de temps à autre de l'air à la cuve pendant son chargement.

UV, deux tuyaux de décharge du sirop dans la cuve à saturer.

*xx*, deux tonneaux pour délayer la fécule,

garnis chacun d'un gros robinet *y*, *y*, pour vider la fécule délayée dans la gouttière de bois *z*, qui la conduit sur l'ouverture de la cuve P.

AA, cuve à saturer, garnie de deux robinets B, C.

D, agitateur jouant dans une crapaudine garnie en E de deux barres de bois à claire-voie, destinées à détacher et à mouvoir les marcs de la cuve.

F, autre traverse en bois servant à mettre l'agitateur en activité, par un mouvement de va-et-vient.

*Opération sur* 1000 *kilogrammes fécule sèche.*

Les ustensiles étant disposés comme il vient d'être dit, on amène dans la cuve de l'eau jusqu'à la hauteur du robinet U, qu'on a au préalable laissé ouvert. Soit 5 pouces environ.

On met le feu sous la chaudière, et par le moyen de son tuyau de vapeur, on porte l'eau de la cuve à l'ébullition; alors on y ajoute 5 kilogrammes d'acide sulfurique à 66 degrés, étendu dans environ son poids et demi d'eau froide.

Puis on délaie séparément dans un des deux tonneaux à démêler, 100 kilogrammes fécule avec une quantité d'eau suffisante, et chaude, s'il est possible, à 45 degrés, pour former une bouillie un peu épaisse. On additionne à ce délayage 2 kilogrammes d'acide sulfurique, et l'on fait arriver le tout dans la cuve, d'une manière continue, en ouvrant le robinet de décharge du tonneau au-dessus de la gouttière, de manière à ne laisser couler de fécule délayée que ce qu'il en faut pour ne pas interrompre l'ébullition.

Pendant le temps que la fécule ainsi délayée coule dans la cuve, on prépare dans le tonneau d'à côté 100 autres kilogrammes de fécule, auxquels on additionne également 2 kilogrammes d'acide, que l'on fait ensuite arriver dans la cuve aussitôt que le contenu du premier tonneau est écoulé, et ainsi de même pour chaque 100 kilogrammes de fécule.

Une fois toute la fécule délayée et introduite dans la cuve, on ferme l'issue O de celle-ci, avec une broche en bois; et on continue, à l'aide d'un très petit feu sous la chaudière, d'y maintenir une bonne ébullition pendant cinq à huit heures, suivant l'indication des réactifs; puis enfin l'on vide le sirop acidulé dans la cuve à saturer, au moyen du robinet V, si l'on ne doit pas recommencer l'opération de quelques jours, et par celui U, si l'on doit la recommencer bientôt. L'opération du saturage s'exécute au moyen du blanc de Meudon ou d'Espagne, ou bien de la craie, qu'on tient toujours trempé d'avance dans l'eau et qu'on y délaie de manière à en faire un lait. On projette ce lait dans la cuve par petite portion à la fois, jusqu'à ce que l'effervescence qu'il produit ne procure plus de mousse; alors on finit la neutralisation de l'acide au moyen d'un lait de chaux, opération qui n'est bien complète que lorsque le papier teint de tournesol, sur lequel on dépose quelques gouttes de sirop, ne change pas en rouge.

La neutralisation effectuée, on abandonne la cuve à elle-même, et après quelques heures de repos, on peut soutirer le sirop; il est alors limpide et dégagé de toute matière en suspension, et il est dans cet état convenable aux opérations de la distillation et de la vinaigrerie.

On ne parvient toutefois à obtenir de la fécule un sirop de qualité convenable à la fabrication de l'eau-de-vie, qu'en observant soigneusement, 1°. de maintenir l'eau de la cuve en grande ébullition lors et pendant le temps de son chargement, d'abord avec l'acide étendu d'eau, ensuite avec la fécule délayée et acidulée, pendant aussi le temps nécessaire à l'œuvre de la saccharification; 2°. de délayer la fécule à l'aide d'une pelle, de manière à ne laisser aucun grumeau et de donner assez de fluidité au délayage pour qu'il puisse s'écouler avec assez de facilité, observant de le remuer de temps à autre, afin d'empêcher la fécule de se séparer du liquide, ce qui ferait un dépôt consistant qui comblerait bientôt le passage du robinet ; 3°. de n'arrêter la cuisson du sirop qu'après sept ou huit heures d'ébullition, car, plus tôt, on courrait le risque de n'obtenir qu'un sirop gommeux, et il le faut sucré, puisque c'est le sucre qui produit l'alcool (1) ; 4°. en observant enfin d'opérer la parfaite saturation du sirop, soit avec le marbre, le blanc de Meudon ou la craie, soit la chaux ou toute autre substance neutralisante.

De toutes ces matières, le marbre, le blanc et la craie seuls peuvent être employés sans in-

---

(1) Pour reconnaître l'instant où la fécule est convertie en sucre, on se sert habituellement de la teinture d'iode ; mais ce réactif n'ayant ici d'autre propriété que celle de faire connaître lorsque la fécule a changé de nature ou qu'elle est décomposée, il faut se servir encore d'un autre réactif, qui indique quand le produit primitivement gommeux de la fécule est tourné en sucre. Ce réactif est la dissolution de la potasse siliciée ; pour en faire l'essai, il faut en introduire quelques gouttes dans une petite quantité de sirop, qu'on a d'abord saturé et filtré : si la gomme est encore contenue dans le sirop, elle se précipitera à l'état de flocons blancs.

convénient avec excès, tandis qu'il n'en est pas de même de la chaux ni des autres substances salifiables. Leur excès est toujours préjudiciable à la fermentation ; on devra donc en préciser la quantité, et l'on reconnaîtra quand la quantité en sera maxime en faisant usage du papier de tournesol rougi par l'acide sulfurique étendu d'eau, ou simplement de l'un de ceux des papiers de tournesol qui sont devenus un peu rouges pendant leur immersion dans le sirop non encore bien saturé : alors les alcalis feront virer cette couleur rouge au bleu, en saturant l'acide qui rougit la teinture.

*Théorie de l'opération.*

Lorsque l'eau de la chaudière est en ébullition, la vapeur qui s'en échappe va chauffer l'eau de la cuve, la met bientôt elle-même en ébullition; remplaçant la déperdition de l'eau de la chaudière à vapeur au moyen d'un très petit filet d'eau froide ou chaude introduite par le tuyau de sûreté, la chaudière se trouve toujours également et toute chargée pour le lendemain.

La vapeur continuant d'arriver avec précipitation dans le fond de la cuve, elle maintient non-seulement l'ébullition, mais fait les fonctions d'un agitateur, c'est-à-dire qu'en soulevant toute la masse pour se faire jour à travers, elle mêle et répand également toute la fécule délayée qu'on y introduit.

La fermeture de la cuve facilitant avec beaucoup d'économie de combustible l'ébullition et la saccharification de la fécule, permet aussi d'effectuer plus promptement le chargement de la cuve.

La fécule arrivant d'une manière continue dans la cuve et en proportion convenable, est à l'instant même enlevée et divisée dans toute la masse sans occasioner aucun retard dans l'ébullition ni dans la saccharification de la fécule déjà arrivée.

Le deuxième robinet de la cuve à décomposer, tout en servant à indiquer la quantité d'eau qu'il faut dans la cuve pour commencer l'opération, permet de laisser dans celle-ci, après la saccharification, assez de liquide pour que l'on puisse recommencer cette opération de continue.

Le moulinet, enfin, de la cuve à saturer, atteignant mieux toutes les parties qui constituent le marc ou dépôt du sirop, que ne le peut faire la touille, instrument formé d'une planche de 5 pouces carrés, garni d'un long manche en bois, dont on se sert habituellement, permet d'obtenir avec moins d'eau tout le sucre dont ce marc est imprégné. Voilà pour l'appareil à saccharifier.

Quant à la conversion de l'amidon ou fécule de pomme de terre en sucre, la théorie de ce phénomène n'est pas encore bien démontrée. Voici, d'après MM. Payen et Chevallier, ce que l'on sait de plus positif à cet égard.

« Fourcroy avait reconnu que l'amidon était
» formé de grains arrondis, que l'on a depuis,
» mais à tort, supposés être des cristaux angu-
» leux. Tout récemment, M. Raspail a observé
» que ces grains sont recouverts d'une enveloppe
» mince, peu altérable, différente de la matière
» *gommeuse* qu'elle renferme. Lorsque la fécule
» est échauffée par l'eau, les grains se dilatent,
» la substance intérieure se fait jour au travers
» des tégumens, elle se répand dans le liquide;
» l'acide sulfurique, en augmentant sa fluidité,
» favorise sa combinaison avec l'oxigène et l'hy-
» drogène, dans les proportions qui constituent
» l'eau, et il en résulte une substance sucrée,
» soluble dans l'eau, à chaud et à froid, des té-
» gumens insolubles disséminés dans le liquide,
» et l'acide sulfurique reste dissous sans altéra-
» tion. La craie (ou carbonate de chaux) que
» l'on ajoute lorsque la saccharification est com-

» plète cède son oxide (oxide de calcium, *chaux*)
» à l'acide sulfurique; il en résulte du sulfate
» de chaux peu soluble qui se précipite en
» grande partie avec l'excès de carbonate de
» chaux, au fond de la cuve, et de l'acide car-
» bonique qui se dégage sous forme gazeuse
» en produisant une forte effervescence. »

*Saccharification de la fécule par l'orge maltée.*

Si nous devons à M. Kirchoff de nous avoir signalé ses expériences sur la saccharification de la fécule par le contact prolongé de l'orge germée ou du gluten à une température de 50 degrés *Réaumur*, nous ne devons pas moins à M. Dubrumfaut d'avoir modifié cette opération et de l'avoir rendue manufacturière.

On pèse, nous dit ce chimiste distingué, 80 à 85 kilogrammes de fécule sèche, on la dépose dans une cuve, délayée avec de l'eau froide de manière à former une bouillie assez claire, c'est-à-dire mélangée avec deux fois son poids d'eau à peu près. Tandis qu'elle est en suspension, on y fait arriver graduellement 5 à 600 lit. d'eau bouillante. Avant que toute cette quantité d'eau bouillante soit dans la cuve, toute la masse s'est déjà épaissie et convertie en une bouillie connue vulgairement sous le nom d'*empois*. Cet empois prend d'abord un aspect laiteux ; mais lorsque les 600 litres d'eau lui sont complètement mariés, la chaleur qu'ils amènent ne tarde pas à l'éclaircir et à lui donner une transparence très remarquable : dans cet état, on lui ajoute 20 pour 100 d'orge maltée trempée séparément; alors le gluten agit et convertit, en moins de dix minutes, l'empois à l'état de fluidité, et en deux ou trois heures, en matière sucrée, susceptible de fournir, par son mélange avec la levûre, la fermentation alcoolique.

Cette opération, ainsi décrite par M. Dubrumfaut, m'a parfaitement réussi toutes les fois que je l'ai répétée; mais j'ai opéré avec infiniment moins de peine et de temps en mettant préalablement toute l'eau bouillante dans la cuve, et en réunissant à celle-ci la fécule délayée préalablement avec de l'eau froide, puis de l'eau bouillante, de manière à donner au délayage une température de 35 à 40 degrés et à le rendre un peu clair.

A fur et à mesure que l'on additionne ainsi la fécule délayée de la sorte, à l'eau bouillante, celle-ci acquiert de la consistance et perd de sa chaleur; bientôt elle ne forme plus qu'un empois très épais de 50 à 52 degrés; alors on y joint l'orge germée dans les mêmes proportions que ci-dessus; aussitôt on voit l'empois se liquéfier. On laisse alors en repos; on couvre la cuve pour retenir la température, et une heure après toute la fécule ne présente plus qu'un liquide sucré. Placé ensuite sur un filtre, puis rapproché sur le feu et clarifié avec un peu de noir végétal et quelques blancs d'œufs, il présente un sirop de couleur ambrée, gommeux et sucré, que j'ai reconnu plus propre à la fabrication du vinaigre qu'à celle de l'eau-de-vie.

---

## CHAPITRE VIII.

### *Propriétés du sirop de fécule ; ses emplois.*

Si l'on rapproche à 30 degrés le sirop provenant de la fécule traitée par l'acide sulfurique de la manière qu'il a été dit plus haut, si de même on rapproche à ce degré le lavage du marc provenant de l'opération qui l'a produit, on en obtient, par un travail en grand, 150 kilogr. de 100 kilogr. de fécule sèche ou 150 kilogr. de fécule verte employée, susceptible de conservation seulement l'hiver. Si on le rapproche à une densité plus grande, ou à un degré plus élevé que 30 de l'aréomètre de Baumé, qu'on le porte, par exemple, à 33 ou 34 degrés bouillant, il cristallise, ou plutôt il se grène et se prend en masse dans les tonneaux, sans que l'on ait à craindre leur rupture (1). Dans cet état, il est susceptible d'une

(1) Quelques écrivains ont pensé que les fûts dans lesquels on déposerait ce sirop pourraient se briser, vu la dilation présumée que le nouvel arrangement des molécules détermine : mais c'est à tort qu'ils ont manifesté

longue conservation. Amené enfin à des degrés plus élevés de concentration, on en obtient, par le refroidissement, 100 kilogr. ou son poids égal à celui de la fécule sèche employée, de sucre sec, d'un aspect grenu, blanc, opaque, sans formes cristallines prononcées.

Quel que soit l'état de concentration du sirop et le moyen employé pour l'obtenir de la fécule, son emploi le plus important est dans la fabrication des liquides vineux, spiritueux et acéteux. Je vais m'occuper d'en faire connaître quelques-uns.

## SECTION PREMIÈRE.

### *Application du sirop de fécule à la fabrication de la bière.*

L'usage du sirop de fécule dans la fabrication de la bière a pour objet de procurer à celle-ci davantage de légèreté, plus de finesse dans le goût et plus de disposition pour la mousse. Employé dans la proportion de 75 livres à 33 degrés

---

cette crainte ; l'expérience m'a prouvé que le sirop, excepté peut-être celui pour la bière, loin de se dilater dans sa cristallisation, se resserrait au contraire d'un à un deux centièmes, que le tonneau soit ou ne soit pas bouché.

de Baumé, en remplacement de 100 liv. d'orge germée, il offre, lorsque l'orge et les autres graines céréales sont à un prix un peu élevé, des avantages marqués aux brasseurs ; il a encore, ainsi qu'il est préparé par mon successeur, pour la fabrication de la bière, d'autres avantages que le brasseur seul peut apprécier.

Quels que soient les motifs qui en déterminent l'usage, il faut, pour en retirer tous les avantages qu'il apporte à cette fabrication, l'employer directement dans la chaudière avant ou aussitôt les métiers rentrés. En même temps que par ce moyen on prive en partie le sirop de sa tendance naturelle à la fermentation, on peut aussi de la sorte jeter davantage d'eau sur le grain, afin de mieux l'épuiser de ses dernières portions sucrées.

Lorsque le sirop est employé seul comme substance sucrée pour faire la bière et en remplacement de l'orge germée, on l'étend d'eau dans la chaudière jusqu'à ce que la solution se trouve réduite à 5 degrés de densité à l'aréomètre de Beaumé ; on met cette solution en ébullition pour préparer la décoction de houblon de la même manière qu'on le fait habituellement avec le moût obtenu par les trempes de l'orge germée. Arrivé à la mise en levain, on observe d'employer un peu plus de levûre que pour la bière ordinaire.

La saveur de la bière ainsi faite avec le sirop de fécule n'étant pas absolument la même que celle qui distingue la bière de grains, on atteindra plus parfaitement cette identité en usant avec ce sirop d'une petite quantité d'orge germée et en suivant les proportions et les manipulations suivantes.

*Brassin de quatre quarts de bière de Paris, soit* 300 *litres, avec sirop de fécule et drèche.*

| | | |
|---|---|---|
| Malte, drèche ou orge germée, séchée, grossièrement moulue.... | 60 liv. | |
| Sirop.................. | 100 | |
| Houblon......... de 2 à | 3 | |
| Sel de cuisine.......... | 0 | 1 once |
| Réglisse noire de Calabre.. | 0 | 3 |
| Levûre de bière pressée.. | 2 | |
| Eau.................. | quantité suffis. | |

On verse d'abord sur le houblon et le sel une quantité suffisante d'eau bouillante, pour opérer dans un vase à part une infusion de douze heures; on jette sur le grain une quantité convenable d'eau chaude à 40 ou 45 degrés Réaumur, afin de l'humecter, le tremper, l'amollir et lui donner une température de 25 degrés. Un quart d'heure après, on jette une première trempe à 55 degrés si l'on travaille avec l'eau de puits, et à 50 seulement si l'on fait usage d'eau de rivière, c'est-à-dire que l'on ajoute au grain déjà humecté et toujours en brassant, une quantité d'eau bouillante nécessaire pour amener toute la masse à 55 degrés de température. On laisse après cela en repos une demi-heure ou plus; on tire à clair dans un vase à part, pour jeter une deuxième trempe de 60 à 65 degrés; on laisse encore en repos une demi-heure, pour jeter une troisième et dernière trempe avec de l'eau à 60 degrés. On réunit ensuite dans la chaudière les liquides provenant des trempes, ainsi que le sirop et la réglisse, pour leur donner la cuisson convenable. Pendant cette opération, on sépare le houblon de son infusion, on le met bouillir dans la chaudière, et lors de la cuisson du moût, qui se reconnaît à la présence d'une multitude de petits globules mucilagineux, on ajoute à la chaudière l'infusion de houblon, et au besoin une quantité d'eau suffisante pour donner à l'ensemble 7 à 8 degrés froids de densité, puis on donne encore quelques bouillons, et l'on vide la chaudière pour mettre à refroidir le liquide, ce qu'il est, dans les chaleurs, fort important d'obtenir le plus promptement possible, à la température de 20 à 22 degrés; alors on met en levain dans un ou plusieurs tonneaux. Cette opération consiste à délayer la levûre à l'aide d'un petit balai dans quelques litres du moût ou décoction houblonnée, pour la laisser lever pendant quelques minutes, et à la verser aussitôt dans la masse du moût, que l'on agite pour la répandre également; bientôt après quelques instans de repos, la fermentation s'établit et le guillage s'effectue par la bonde des tonneaux, tenus un peu penchés pour faciliter la sortie des mousses et la levûre. Le guillage opéré, on remet les fûts sur leur assiette ordinaire, on enlève avec le doigt la levûre qui peut être restée attachée à l'intérieur du trou de la bonde, et l'on remplit les tonneaux avec de l'eau bien froide à l'aide d'un arrosoir, et non avec un autre ustensile. Habituellement la bière est claire dès le lendemain, quelquefois pourtant elle met deux et trois jours pour s'éclaircir. Si l'on fait usage de trois bouteilles de colle de poisson pour un semblable brassin, on obtient sa clarification en moins de quatre heures.

Cette bière mise en bouteille est quelques jours sans mousser. Pour éviter la casse des bouteilles, il faut les relever aussitôt que la bière commence à crémer dans le verre.

Pour plus ample détail, de même que ceux relatifs aux bières fortes, anglaises, dites porter, aile, etc., avec ou sans sirop de fécule, on peut recourir à mon ouvrage sur la bière.

## SECTION II.

### *Application du sirop de fécule à la fabrication du cidre.*

En opérant avec celui des sirops de fécule destiné à cet usage, on y ajoute l'eau froide jusqu'à ce que le mélange ne pèse plus que de 6 à 7 degrés de Beaumé. Cette densité est la même que celle du moût ou jus de pommes, et on l'obtient par le mélange d'un cinquième en capacité de sirop et de quatre cinquièmes d'eau; réunissant ensuite ce liquide sucré dans la proportion d'un tiers au moût de pomme, on obtient, après la fermentation, un cidre très agréable; il en est de même pour le poiré.

Le sirop s'emploie encore dans une autre circonstance, celle où le cidre est trop peu sucré, ou qu'il est piquant; on l'additionne alors et sans eau en quantité convenable.

Dans tous les cas possibles de l'application du

sirop de fécule à la confection comme à l'amélioration du cidre, on ne saurait en faire le choix avec trop de prudence. Il en est qui ne sont pas propres à cet usage, et qui peuvent, comme on l'a vu maintes fois, faire passer le cidre au noir ou au blanc.

Comme il est de l'intérêt de mon successeur de bien continuer la confection des différentes sortes de sirops pour la bière et pour le cidre, on peut s'adresser de confiance à sa fabrique. (M. Teissier, rue de Montreuil-Saint-Antoine, n° 80.)

## SECTION III.

### *Application du sirop de fécule à la cuve de vinification.*

Il n'est aucune substance sucrée qui se rapproche mieux du sucre de raisin que celui de fécule, par la similitude de ses caractères et de ses propriétés : dès lors l'emploi du sirop de fécule, dégagé toutefois d'amertume, de sa couleur et de la saveur qui lui est propre, est devenu précieux pour fortifier les vins faibles, doubler la vendange à la cuve de fermentation, et faire même des vins par imitation. Ce dernier fait, avancé d'une manière très détaillée dans mon *Traité de vinification*, a été prouvé d'ailleurs par le dépôt de six flacons d'échantillons admis à l'exposition de 1827, après l'analyse qui en a été faite par l'un des honorables membres du jury chargé de l'examen des produits de l'industrie française.

Parmi ces six flacons de vins provenant de matières différentes, quatre imitaient le vin de Chablis.

Les deux premiers furent faits avec la fécule de pomme de terre seulement;

Le troisième avec le seigle;

Le quatrième avec l'orge;

Et les deux derniers flacons, imitant le vin vieux de Pouilly, le furent avec de la mélasse de sucre des îles.

Bien que ces vins aient été jugés dignes d'être admis et de figurer à côté des chefs-d'œuvre de nos manufactures, néanmoins le jury central n'en fait pas mention dans le rapport sur les produits de l'industrie française, qui a été délivré à chacun des exposans; il est facile d'en concevoir le motif. Quel qu'il soit, chacun de ces vins ayant été confectionné d'après les principes émis et longuement développés dans l'ouvrage mentionné ci-dessus, je ne saurais mieux faire que d'y reporter le lecteur, d'autant plus qu'il y trouvera, indépendamment des moyens ordinaires, un grand nombre de procédés pour vinifier d'une manière potable toute substance sucrée, résultant de mes nombreuses expériences.

## SECTION IV.

### *Application du sirop de fécule à la confection des eaux-de-vie et du vinaigre.*

Soit que l'on ait opéré la saccharification de la fécule, ou par le moyen de l'acide ou par celui de l'orge germé dit malte ou drèche, pour mettre le liquide sucré obtenu dans les circonstances les plus favorables à la production de l'alcool, il faut suivre la même marche.

Supposons ici le sirop encore dans la cuve à saturer, ainsi que je l'ai laissé page 100; aussitôt qu'il se trouve éclairci par le repos, on le soutire et on le fait couler dans la cuve à fermenter; on met ensuite quelques pouces d'eau sur le marc ou dépôt du sirop, que l'on délaie au moyen de l'agitateur, de manière à ne laisser aucun grumeau; cela fait, on laisse arriver l'eau de nouveau, toujours en remuant, jusqu'à ce que le lavage ne pèse qu'un degré de sucre. Les marcs ainsi bien lavés, sont laissés en repos pendant quelques heures, au bout desquelles étant déposés, on en soutire l'eau surnageante que l'on réunit au sirop déjà placé dans la cuve à fermenter.

Comme le marc est encore humecté d'un liquide à un degré du pèse-sirop, et qu'il ne faut rien perdre, on le relave de nouveau avec un peu d'eau, ou bien on le met à filtrer dans un baquet dans le fond duquel est un trou rond garni d'un bouchon de paille, ainsi qu'on le pratique à la campagne pour faire les lessives de ménages. Toute l'eau une fois filtrée, on la réunit encore à la cuve de fermentation, tandis qu'à l'aide de nouvelle eau et d'une gouttière, le marc est conduit au dehors de l'atelier.

Les liquides sucrés, c'est-à-dire le sirop et les eaux provenant des divers lavages du marc ainsi réunis dans la cuve, on achève de les mélanger à l'aide de quelques coups de râble, on touille et on leur donne avec une suffisante quantité d'eau chaude de 5 à 7 degrés à l'aréomètre de Beaumé, et de 20 à 25 degrés de température.

On délaie après cela, dans quelques litres de moût de la préparation sucrée, 1 kilogramme de levûre de bière pressée, par chaque 50 kilogrammes de fécule sèche employée et saccharifiée par l'acide sulfurique, et seulement un quart de kilogramme lorsque cette opération a lieu par l'emploi du malte.

La levûre une fois délayée, on la laisse monter et on la verse dans le moût; on donne ensuite quelques coups de râble, et l'on couvre la cuve. Il est essentiel de maintenir dans l'étuve une chaleur à peu près égale à celle de la cuve, afin de développer et de favoriser l'acte de là fermentation jusqu'à son dernier période. Elle se déclare une ou deux heures après la mise en levain.

Alors un mouvement tumultueux, résultant du dégagement de l'acide carbonique, se produit dans toute la masse; il amène à la superficie des écumes plus ou moins abondantes, suivant que le liquide est plus ou moins visqueux. Quand le mouvement se ralentit, que l'écume s'affaisse, que le goût sucré du liquide a disparu, la plus grande production d'alcool est ordinairement développée. On se hâte d'habitude de l'extraire au moyen de la distillation; mais il serait mieux de soutirer et de renfermer le liquide dans de grands tonneaux ou des foudres, pour lui laisser le temps d'effectuer un mouvement de fermentation insensible qui, mûrissant le vin, augmente sa générosité, et lui permet de rendre à sa distillation, qu'on peut effectuer dans n'importe quel système d'appareil distillatoire, une plus grande quantité d'alcool et de meilleure saveur que si le vin eût été distillé au sortir des cuves.

Les moyens de fermentation que je viens d'appliquer à la vinification de la fécule, ne réussissant bien toutefois que dans les circonstances dans lesquelles on vient de voir le moût placé, on est obligé de les modifier, selon la durée que l'on peut accorder à la fermentation, selon l'espèce de ferment employé, selon aussi le degré de sucre du liquide, etc., c'est-à-dire que voulant opérer la fermentation à 12 ou 15 degrés de sucre, au lieu de 5 à 7, à froid au lieu de l'être à chaud, et en un jour ou un mois, au lieu de l'être en trois ou quatre jours ; qu'enfin, pour ferment, au lieu de levûre de bière, il faille employer des levains artificiels ; on est, dis-je, obligé d'apporter quelques changemens dans les moyens nécessaires pour procréer l'œuvre complète de la fermentation.

C'est après une innovation au procédé de fermentation ci-dessus détaillé, qu'en mars 1824 j'obtins, à la distillerie de Charonne, près Paris, de 18160 kilogrammes de fécule verte saccharifiée, en dix opérations, 7546 litres d'eau-de-vie à 22 degrés de Cartier; soit 41 litres et demi par chaque 100 kilogrammes de fécule.

Si j'eusse employé dans ces opérations, ainsi qu'on le pratique ordinairement, de la levûre de bière pour ferment, il m'en eût fallu, à raison de 2 kilogrammes par 100, d'après M. Clément Désorme, 362 kilogrammes à 80 fr. le 100, 290 fr. 40 c.; tandis que par mon innovation, j'ai employé en levûre naturelle :

| | | |
|---|---|---|
| 89 kilogrammes à 80 fr. ........ | 71 fr. | 20 c. |
| Et en levûre artificielle, dont la composition m'est particulière (1), 38 kilogrammes et demi à 140 fr. | 53 | 90 |
| Ensemble...... | 125 | 10 |
| Bénéfice d'économie par mon levain.................. | 165 fr. | 30 c. |

(1) Plusieurs distillateurs ont également fait un usage continu, et le font encore, de mon levain; voici ce qu'ils m'en ont dit :

Toutes espèces de substances sucrées, mises en fermentation par ce ferment, semblent n'avoir plus que le même caractère de conformation, tant les effets dans la fermentation sont les mêmes; c'est toujours pour chaque substance une fermentation lisse, c'est-à-dire sans écume; une ébullition bien prononcée dans tous les points de la cuve, qui ne s'arrête que lorsque le principe sucré est entièrement décomposé; sa présence dans un seul point de la cuve suffit pour occasioner, dans le liquide qu'elle contient, une sorte d'électricité qui donne à l'instant aux fermentations lentes, paresseuses, ou même tombées, une revivification nouvelle, qui bouleverse tous les

Au lieu de distiller le vin de fécule, s'il s'agit d'en faire du vinaigre, c'est le cas où la maturité du vin est indispensable, car indépendamment que l'alcool est pour le vinaigre ce que le sucre est pour l'alcool, tout vin doux ne fait que de mauvais vinaigre; on obtiendra donc cette maturité en laissant parachever la fermentation dans des fûts fermés et pleins jusqu'à 2 pouces de la bonde. Le vin fait, on le soutirera et on le fortifiera avec 2 pour 100 ou plus d'alcool, puis on le mettra à clarifier sur des copeaux de bois

---

principes constituans du liquide, de telle sorte qu'en un instant une fermentation tumultueuse se déclare dans toute la masse; toutes les mousses et la levûre se divisent, se fondent, sans reparaître, et d'où suit enfin une décomposition totale de la matière sucrée. Dès lors, davantage d'alcool, et une bien grande économie dans l'emploi de la levûre, due à l'importante propriété qu'il a de tenir la levûre dans un état constant de division et d'activité. En effet, la levûre offrant par ce moyen beaucoup plus de surface au liquide, ses réactions avec les molécules sucrées et avec celles du nouveau ferment sont plus fréquentes, plus soutenues, en même temps qu'elles sont plus assurées.

Ce levain, exposé dans un endroit sec et aéré, peut se conserver six mois et plus sans altération; on en trouve toujours, au prix de 140 fr. les 100 kilogrammes, en s'adressant à mon domicile, rue de Ménilmontant, nº 53.

de hêtre, bouillis préalablement plusieurs fois dans de l'eau, rincés ensuite à l'eau froide, puis séchés et placés dans un tonneau ou une cuve. Rendu limpide, on peut l'employer de suite; il a toutes les qualités requises pour être converti en vinaigre, n'importe par lequel des procédés connus, choisissant celui d'Orléans.

On a quelques pièces pleines seulement aux trois quarts de bon vinaigre; ces pièces, nommées les *mères*, sont placées sur des chantiers dans une étuve, où la température doit être constamment entre 18 et 22 degrés Réaumur, observant de laisser sur le haut de l'un des fonds une ouverture de 2 pouces de diamètre; alors le vinaigre des mères possédant la même chaleur que l'étuve, on en retire un broc, que l'on remplace par un pareil broc de vin de fécule à la même température, et de quatre en quatre ou de six en six jours, suivant l'activité de l'acétification du vin, on recommence à retirer un broc de vinaigre pour le remplacer par du vin, et ainsi de même pendant un laps de temps considérable.

Le vinaigre soutiré des mères brocs à brocs, est déposé sur un râpé de copeaux placé dans un endroit frais, où se refroidissant, il ne tarde pas à être parfaitement clarifié; il est très fort. Le bouquet qui lui est propre étant fort agréable, on n'a pas besoin de se servir d'aucun ingrédient pour lui en communiquer un.

Il y a du reste pour cette opération, surtout quand on veut y soumettre le vin de toute autre substance sucrée que celle de raisin, des conditions particulières à observer et des modifications à apporter, ainsi qu'il en est comme on l'a vu dans la fermentation vineuse qui précède, beaucoup trop longues pour être détaillées ici ; elles seront, pour l'une et pour l'autre opération, l'objet d'un mémoire particulier.

---

# CHAPITRE IX.

## *Du moyen d'obtenir une fécule très blanche des pommes de terre gâtées et pourries.*

Il est sans doute inutile de rapporter ici les expériences que j'ai faites pour obtenir une fécule blanche de la pomme de terre atteinte d'échauffement et de pourriture ; je me bornerai donc à faire connaître le résultat de ces expériences.

Si, lorsque les pommes de terre sont échauffées au point même d'être tournées en pâte, on les met préalablement macérer dans l'eau, jusqu'à ce qu'elles aient perdu leur feu, pour les soumettre ensuite au travail ordinaire, c'est-à-dire au lavage, râpage, tamisage, etc., on obtiendra de ces tubercules altérés une fécule de bonne qualité, et tout aussi blanche que celle qui provient des pommes de terre les mieux conservées; tandis que, si au lieu de les laisser tremper assez de temps, on les lave et on les râpe de suite, la fécule qu'on en retire reste grise, malgré les lavages subséquens, et s'échauffe même dans les bachots où elle s'égoutte, et devient, par ces sortes de fermentations réitérées, beaucoup moins soluble; ce qui retient sa saccharification, et occasione un moindre produit en sucre.

---

# CHAPITRE X.

## *Procédés pour extraire la fécule des pommes de terres gelées.*

Lorsque les pommes de terre sont surprises et atteintes par la gelée, le cultivateur entendu les fait cuire et les donne à ses bestiaux; mais s'il en a de provision une trop grande quantité, le dégel arrive avant qu'il ait pu tout faire consommer à ses bestiaux, et il jette au fumier toutes celles qui excèdent ses besoins.

Le féculier, de son côté, double alors l'activité de son travail, afin de ne pas être surpris par le dégel, dont l'effet est de produire la désorganisation et la décomposition des principes de la pomme de terre; d'où résulte la perte totale de la fécule.

J'ai remarqué que, pour faciliter le râpage de ce tubercule ainsi gelé, il fallait employer l'eau nécessaire à son lavage dès sa sortie du puits, parce qu'alors, possédant une température de 10 degrés au-dessus de la glace, elle opère en quelques heures un dégel partiel, qui facilite la râpe sans altérer les pommes de terre.

M. Clouet, de son côté, nous dit d'extraire la fécule des pommes de terre gelées, de la manière suivante :

On fait macérer les pommes de terre dans l'eau, on les écrase sous un pilon, puis on les abandonne à la putréfaction spontanée; lorsqu'elles ont été suffisamment amollies de cette manière, on les triture de nouveau, et l'on forme, avec la pâte ainsi préparée, des pains aplatis que l'on expose au soleil. Bientôt la fécule amilacée se détache sous la forme de grains brillans et comme nacrés; on réduit le tout en poudre. L'amidon ainsi obtenu est d'une blancheur remarquable. MM. Germain et Necker, enfin, ont remarqué, chacun en particulier, que des pommes de terre gelées, abandonnées en couches minces en plein air, se sont desséchées lentement, sans éprouver une décomposition sensible; qu'elles ont acquis une grande dureté, et ont été réduites en une farine soluble.

# CHAPITRE XI.

## *Des Moyens de conserver la fécule verte.*

La spéculation, plutôt que la nécessité, a conduit plusieurs fabricans à chercher le moyen de conserver la fécule à son état humide.

A cet effet, ils se sont contentés, et se contentent même encore, de déposer la fécule, humectée au préalable d'un peu d'eau, dans des cuves, des tonneaux, même sur le sol des ateliers, qu'ils garnissent jusqu'à la hauteur de 2 pieds, observant de tenir les portes fermées et les croisées tout ouvertes. Quelques-uns laissent évaporer l'eau qui surnage la fécule; d'autres, au contraire, y entretiennent une couche d'eau de quelques pouces, qu'ils renouvellent de temps à autre. Mais, à part que dans ces deux moyens improprement nommés de *conservation*, la fécule s'échauffe, fermente et prend une odeur et une saveur de beurre rance plus ou moins prononcées, elle devient aussi moins soluble dans l'acide sulfurique étendu d'eau, et communique au sirop qui provient de sa saccharification, le mauvais goût et l'odeur désagréable dont elle-même était empreinte.

Ce goût et cette odeur sont presque toujours, dans ce cas, tellement tenaces dans la fécule, que soumise même à une forte dessiccation, elle les laisse encore apercevoir, surtout dans son emploi pour les liquides.

On peut cependant conserver la fécule verte sans altération une et même deux années; j'en ai acquis la certitude dans une série d'expériences que j'ai faites à ce sujet, et par l'application de mon procédé à la fécule verte nécessaire aux besoins de mon établissement.

---

# CHAPITRE XII.

## *Des différentes Substances qui produisent la fécule.*

Un très grand nombre de végétaux, autres que la pomme de terre, fournissent encore de la fécule. C'est au moyen de la teinture d'iode qu'on reconnaît la présence de cette substance dans les végétaux. A cet effet, on en met quelques gouttes sur la partie interne du végétal qu'on veut essayer; elles passent aussitôt du brun au bleu transparent: on juge ensuite de la plus grande quantité de fécule contenue, par le plus d'intensité de la couleur bleue.

Parmi les *racines* qui contiennent de la fécule, on compte plus particulièrement celles

d'arum ou de pied-de-veau,
de brione,
de colchique,
de chélidoine,
de chiendent,
de filipendule,
de glayeul,

d'ellébore,
de mandragore,
de serpentaire,
de manioc.

Parmi les *tiges*, on compte celle de l'espèce de palmier appelé *landan*, *sagouier*; elle est connue sous le nom de *sagou*.

Parmi les *fruits*, on compte la pomme, le marron d'Inde, le gland de chêne, le fruit du mancénillier.

Parmi les *graines céréales*, toutes les frumentacées.

Les caractères qui distinguent la fécule des diverses substances ci-dessus sont les mêmes que ceux de la fécule de pomme de terre, c'est-à-dire insolubilité dans l'eau froide, faisant colle avec l'eau chaude, n'ayant ni odeur ni saveur sensibles, fermentant et passant à la putréfaction par un excès d'humidité.

---

# CHAPITRE XIII.

## *De l'Analyse de la pomme de terre.*

L'analyse est indispensable au féculier, pour apprécier d'une manière exacte les résultats en fécule, son et eau de végétation qu'il se propose d'obtenir de la pomme de terre qui lui est proposée. Ces produits, en effet, n'étant pas contenus en égale quantité dans le tubercule, ainsi que j'ai déjà eu occasion de l'observer, il importe donc au fabricant de connaître leur rapport auparavant de conclure leur acquisition. Pour lui, l'opération d'analyse se borne à laver et râper la pomme de terre, tamiser la pulpe qui en provient et recueillir les produits avec soin; mais pour le chimiste et le naturaliste, les moyens d'analyse sont beaucoup plus étendus, en même temps qu'ils sont plus compliqués.

C'est par l'analyse que M. Vauquelin a reconnu que les trois produits essentiels à recueillir par le cultivateur féculier existaient en des proportions différentes dans beaucoup d'espèces : on lit, en effet, dans le tome V<sup>e</sup> des *Annales du*

*Muséum d'Histoire naturelle*, que sur quarante-sept variétés de pommes de terre que ce savant a analysées, les produits obtenus ont été :

En eau de végétation, des quatre cinquièmes de leur poids aux trois quarts;

En fécule amilacée, d'un huitième jusqu'à un quart;

En parenchyme, d'un dixième à un quinzième, dont le terme moyen est de

| | | |
|---|---|---|
| Fécule sèche........... | 16 | 100. |
| Parenchyme........... | 12 | |
| Eau de végétation....... | 72 | |

Le savant qui s'est ainsi occupé de l'analyse de la pomme de terre, a reconnu aussi, dans l'eau de végétation de ce tubercule, les substances suivantes :

1°. De l'albumine colorée, les sept millièmes du poids du végétal;

2°. Du nitrate de chaux, les douze millièmes;

3°. De l'asparagine, au moins un millième;

4°. Une résine amère, aromatique, cristalline;

5°. Des phosphates de potasse et de chaux;

6°. Du citrate de potasse;

7°. De l'acide citrique;

8°. Une matière animale particulière, quatre ou cinq millièmes.

Il a aussi reconnu que le parenchyme était composé des deux tiers aux trois quarts de son poids de fécule.

Je vais indiquer le mode d'opérer, par M. Vauquelin, dans l'analyse :

« On prive la pomme de terre de toute la » substance terreuse qui peut se trouver sur la » pellicule ; on râpe le tubercule ; on exprime » fortement la pulpe ; on délaie le marc avec » une quantité d'eau suffisante ; on exprime » une seconde fois ; on répète le lavage une » deuxième fois ; on réunit toutes les liqueurs, » on les filtre et on les fait bouillir pendant » quelque temps. Par l'ébullition, il se forme » un coagulum d'albumine, que l'on sépare par » la filtration ; on lave bien le coagulum, on » le fait dessécher, et l'on prend son poids. On » fait évaporer la liqueur filtrée jusqu'en con- » sistance d'extrait ; on délaie ce dernier dans » une petite quantité d'eau, afin de ne pas re- » dissoudre le citrate de chaux, que l'on re- » cueille sur un filtre, et qu'on lave avec de » l'eau froide jusqu'à ce qu'il ait acquis une cou- » leur blanche ; on fait sécher, puis on prend » son poids. On réunit la liqueur de lavage avec

» l'autre liqueur, d'où l'on a séparé le citrate » de chaux; on étend d'eau, et l'on pré- » cipite par un excès d'acétate de plomb : on » laisse déposer, on sépare par décantation le » liquide surnageant; on recueille le précipité » sur un filtre; on lave à plusieurs reprises avec » de l'eau chaude, et l'on met à part le liquide » qui formait l'eau-mère du sel de plomb, ainsi » que celui qui a servi au lavage.

» Le précipité formé par l'acétate de plomb » (citrate de plomb) doit être délayé dans de » l'eau distillée. On fait passer dans ce mélange » un courant d'hydrogène sulfuré : cet acide » décompose le sel de plomb, convertit le métal » en sulfure, et met à nu l'acide citrique. On » filtre la liqueur pour séparer le sulfure, que » l'on recueille sur un filtre, et l'on fait évaporer » jusqu'en consistance sirupeuse; on abandonne » ensuite cet acide, pour qu'il puisse prendre » une forme cristalline; on sépare les cristaux, » on les met à égoutter et à sécher; on évapore » de nouveau les eaux-mères, qui fournissent » de nouveaux cristaux : lorsque ceux-ci sont » secs, on prend le poids de cet acide.

» La liqueur d'où l'on a séparé le citrate de » plomb par la filtration est soumise à l'action » d'un courant d'acide hydro-sulfurique; on con-

» tinue à faire passer de cet acide jusqu'à ce que
» tout le métal soit précipité, et qu'il y en ait
» un excès; on filtre alors, on fait évaporer en
» consistance de sirop, et l'on abandonne en
» cet état dans un endroit frais. L'asparagine qui
» existe dans la liqueur cristallise; on délaie
» alors dans de l'eau froide, on décante et on
» lave avec de petites quantités d'eau l'aspara-
» gine, qui forme sédiment, jusqu'à ce qu'elle
» soit blanche. On prend ensuite la liqueur où
» avait cristallisé ce principe; on l'amène en
» consistance d'extrait, puis on traite à chaud
» par de l'alcool à 30 degrés; on filtre, et l'on
» sépare, en faisant évaporer, de l'acétate et du
» nitrate de potasse. On obtient alors la matière
» végéto-animale séparée de la plus grande partie
» des principes qui l'accompagnaient. »

---

# CHAPITRE XIV.

## *De la Culture et du Rapport des pommes de terre.*

Dans le principe, j'avais eu l'intention d'entrer dans tous les détails qui concernent la culture des pommes de terre; mais ne pouvant les communiquer qu'en raccourci, vu le cadre étroit de cet ouvrage, et sans observations utiles de ma part, n'ayant jamais exercé cette culture, je dois m'en référer et renvoyer aux ouvrages d'agriculture qui en donnent connaissance (1), remettant à un temps plus éloigné d'en parler moi-même.

Il n'en sera pas de même pour la production des différentes pommes de terre, suivant la nature des sols et leur fumage, celle de leur rapport en fécule et les moyens de les conserver, si nécessaires au cultivateur; je vais, à l'aide des tableaux suivans, entrer dans tous les détails que réclament ces points importans.

---

(1) *Voyez* le *Traité d'Agriculture* de Thaer, et l'*Agriculture de la Flandre*, par M. Gordier ou Cordier.

## SECTION PREMIÈRE.

*Tableau pour apprécier, sur une surface de 70 pieds, les avantages qui résultent de la culture des terres et de l'emploi des engrais.*

| NOMS des VARIÉTÉS. | TERRAIN inculte sans engrais. | cultivé. | cultivé avec engrais. |
|---|---|---|---|
| | k. | k. | k. |
| Patraque jaune... | 43,140 | 70,500 | 130,640 |
| *Idem*, blanche. | 46,700 | 84,250 | 175,670 |
| Hollande jaune... | 41,200 | 60,225 | 70,128 |
| *Idem*, rouge... | 50 | 70,201 | 61,250 |
| Violette. ........ | 31,580 | 49,135 | 68,120 |
| Rouge ronde. .... | 37,489 | 71 | 100,705 |
| Vitelotte......... | 32,500 | 60,650 | 78,550 |

On voit, par les résultats qu'offre ce tableau, que naturellement la culture et les engrais ont une grande influence sur le produit en pommes de terre, et en quel rapport ils contribuent à rendre les produits plus abondans : on y peut reconnaître aussi celle des espèces de pommes de terre qui est la plus productive dans la circonstance, comme il est évident que l'augmentation de produit compense, et bien au-delà, la plus forte dépense que l'on fait pour l'obtenir.

## SECTION II.

*Tableau indiquant la quantité de matières solides contenue dans la pomme de terre, suivant la nature du sol.*

| NOMS des VARIÉTÉS. | TERRAIN humide. Eau. | | TERRAIN très humide. Eau. | | TERRAIN sablonneux. Eau. | |
|---|---|---|---|---|---|---|
| | Eau. | Matière solide. | Eau. | Matière solide | Eau. | Matière solide. |
| Patraque jaun. | 77,50 | 22,50 | 85,00 | 15 | 71 | 29 |
| *Idem*, bl... | 79,50 | 20,50 | 81 | 19 | 74,50 | 25,50 |
| Hollande jaun. | 84 | 16 | 76 | 24 | 67,50 | 32,50 |
| *Idem*, roug. | 77 | 23 | 74,50 | 24,50 | 72 | 28 |
| Violette. .... | 84 | 16 | 86 | 14 | 78,50 | 21,50 |
| Rouge ronde.. | 79 | 21 | 86,50 | 13,50 | 74 | 26 |
| Vitelotte..... | 82 | 18 | 87 | 13 | 79,50 | 20,50 |

En consultant les résultats consignés dans ce tableau, le féculier y trouvera une règle de conduite dans l'acquisition des pommes de terre. Le cultivateur sera éclairé sur le choix qu'il doit faire de ce tubercule, suivant qu'il doit le cultiver dans des terrains plus ou moins secs, plus ou moins humides.

## SECTION III.

*Des variétés de pommes de terre que l'on rencontre sur le carreau de la Halle de Paris, et proportion des substances solides qu'elles ont fournies.*

| DÉSIGNATION des VARIÉTÉS. | SUR 100 PARTIES | |
|---|---|---|
| | Eau. | Matière solide. |
| Patraque jaune. | 71 | 29 |
| *Idem*, blanche. | 74,50 | 25,50 |
| Hollande jaune. | 67,50 | 32,50 |
| *Idem*, rouge. | 72 | 28 |
| Violette. | 78,50 | 21,50 |
| Rouge ronde. | 74 | 26 |
| Vitelotte. | 79,50 | 20,50 |

Le tableau ci-dessus est le résultat d'essais faits parmi les quarante-sept variétés de pommes de terre, par l'immortel Vauquelin.

# CHAPITRE XV.

## *Divers moyens de conservation des pommes de terre.*

Tout procédé qui peut empêcher ce tubercule de s'échauffer, de germer ou d'être atteint des pluies et des gelées, peut être considéré comme moyen conservateur. Ces principes, depuis long-temps reconnus, ont donné lieu à divers modes de conservation; parmi ceux-ci, le plus généralement usité pour les pommes de terre, consiste à les mettre à l'abri de la gelée dans des celliers ou des caves. Ce moyen réussit assez bien, lorsque les pommes de terre ne sont pas amoncelées en grandes masses.

Dans ce dernier cas, deux choses sont à craindre, un excès d'humidité sur la pomme de terre et quelques meurtrissures : l'un et l'autre contribuent à développer une fermentation intestine dans plusieurs parties des tubercules, que la chaleur produite excite encore, et fait communiquer de proche en proche et cause à toute la masse une altération profonde.

On évitera ce danger en n'admettant dans les celliers ou les caves que des pommes de terre ressuyées de leur humidité extérieure et en établissant de 4 en 4 ou de 5 en 5 pieds des divisions à l'aide de fagots ou de bourrées, de branchages secs, ou encore en implantant dans divers endroits du tas de ces mêmes bourrées espacées convenablement, et qui formeront des sortes de cheminées dans lesquelles les gaz et l'air échauffés se dégageront. A défaut de cellier ou de cave, on pourra employer le moyen des silos.

A cet effet, pour en établir dans la partie la plus élevée du champ, et, autant que faire se peut, dans un terrain solide, on creuse une fosse rectangulaire de 5 pieds environ de profondeur, d'autant de largeur et d'une longueur déterminée par la quantité de tubercules que l'on veut enfouir; la terre est relevée de chaque côté sur les bords. De 5 en 5 pieds, au fur et à mesure que l'on dépose dans cette fosse les pommes de terre ressuyées autant que possible de leur humidité, on établit un mur de séparation avec des bourrées ou même des bottes de paille tout entières.

Par ces dispositions, on a une suite de silos de 5 pieds cubes. Une fois pleins jusqu'à la surface du sol, on couvre le tout avec la terre extraite de la fosse, que l'on disposera en pente de manière à ce que la couche soit battue et épaisse de 10 pouces au moins, et qu'elle porte les eaux pluvieuses au dehors du silo et empêche les atteintes de la gelée. On conçoit que, par cette disposition, si une altération vient à avoir lieu dans un silo, elle ne peut se communiquer à un autre.

M. Dailly fils, qui récolte une quantité prodigieuse de pommes de terre, fait usage de silos depuis déjà un bon nombre d'années et en est très satisfait. L'avantage des silos étant constaté par l'expérience, il serait superflu d'entrer dans de plus longs détails sur les moyens de conserver la pomme de terre.

---

*Description d'un hâloir.*

AA (fig. 11), sont plusieurs tablettes fixées dans l'embrasure des croisées de l'établissement, ou même dans l'intérieur du bâtiment, et à proximité de l'étuve; elles doivent être disposées à recevoir le contact de beaucoup d'air.

Il serait mieux de recouvrir ces tablettes d'une couche de plâtre; mais cela n'est pas pratiqué, sans doute à cause de la dépense, et aussi pour ne pas charger autant les planchers.

*Description de l'étuve.*

AA (fig. 12), chambre de 9 pieds carrés sur 7 à 8 de hauteur, formée d'un parpaing en bois et plâtre, de 4 à 5 pouces d'épaisseur, dans laquelle sont disposées solidement six tablettes BBB garnissant le pourtour de l'étuve, d'une largeur de 24 pouces, et recouvertes d'une couche de 1 à 2 pouces de plâtre fin.

Ces tablettes sont presque toujours établies avec les planches des mauvais tonneaux de l'établissement ; un côté de ces planches est scellé en C, dans l'épaisseur du mur de l'étuve; l'autre côté repose en D sur un madrier de 3 pouces.

E, est un poêle en fonte ou en tôle, à roulettes F; tambour de chaleur G, avec une cheminée en tôle, mobile aux endroits HH.

I, I, soupiraux en usage dans toutes les étuves à fécule ou à amidon, que j'ai conseillé de supprimer et de remplacer par ceux J, J, comme aidant davantage à une dessiccation prompte, et avec moins de combustible.

K, est la porte d'entrée, de largeur ordinaire, haute jusqu'à la cinquième ou sixième tablette, à volonté.

*Du blutoir.*

Je ne donnerai pas la description du blutoir, attendu que cet instrument est le même que celui pour la farine, à la seule différence que la toile qui l'enveloppe est d'un même numéro.



FIN.

# TABLE
## DES MATIÈRES.

FIN DE LA TABLE.

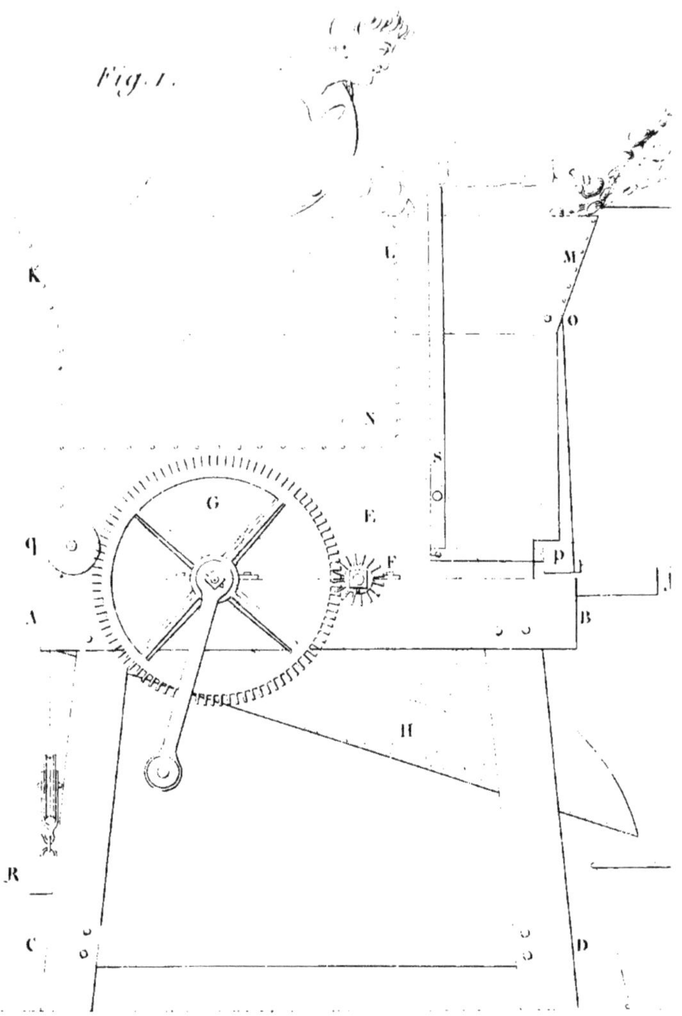


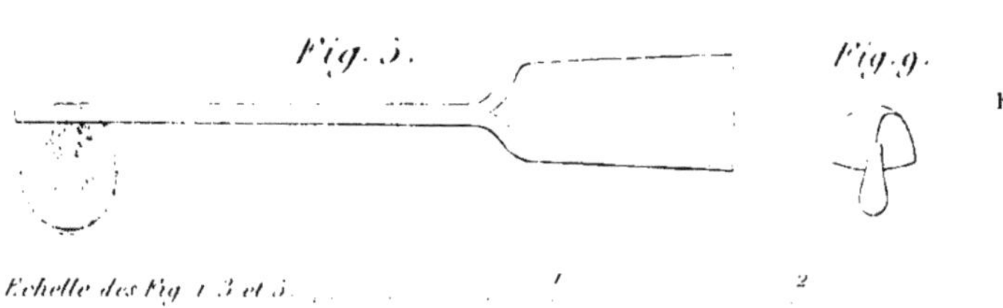


Echelle des Fig. 1. 3 et 5. 1 2

Echelle des autres Fig. 1 2 3 6

Pl.

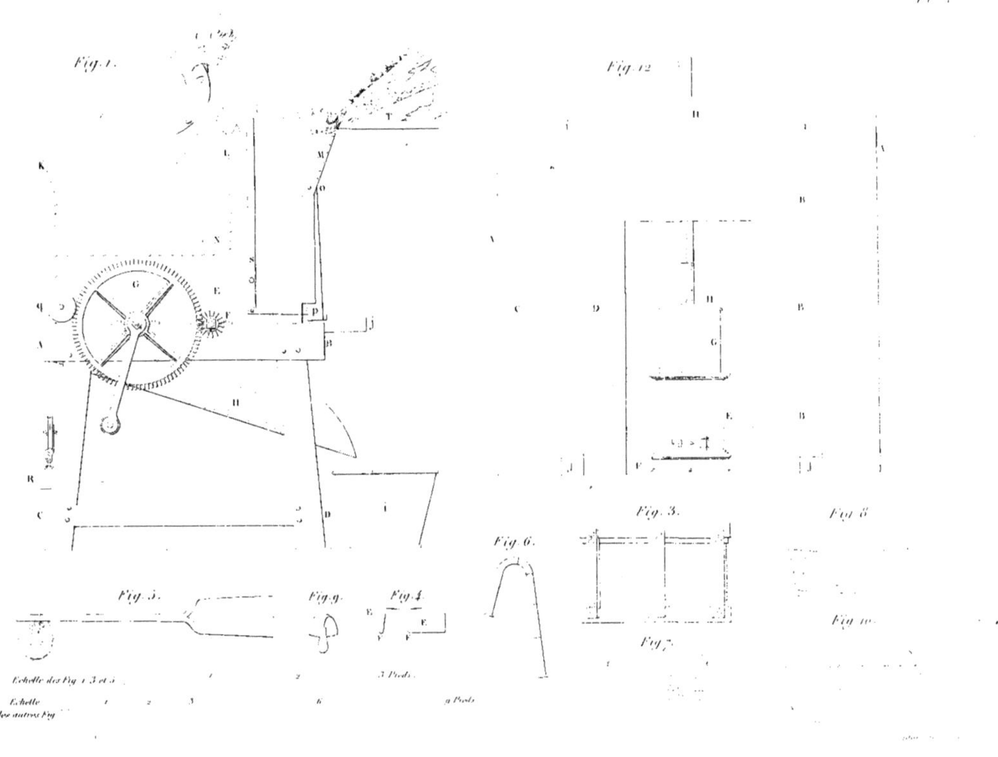

Pl. 2.

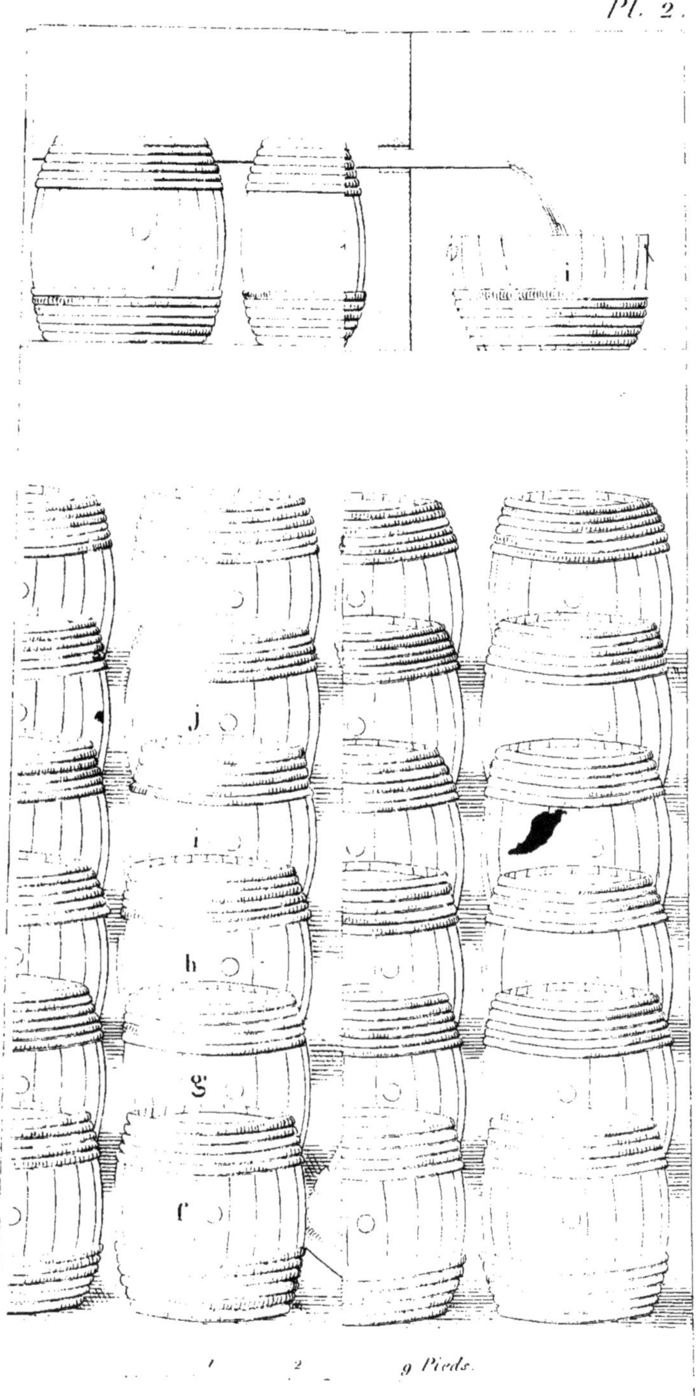


Adam del. et sc.

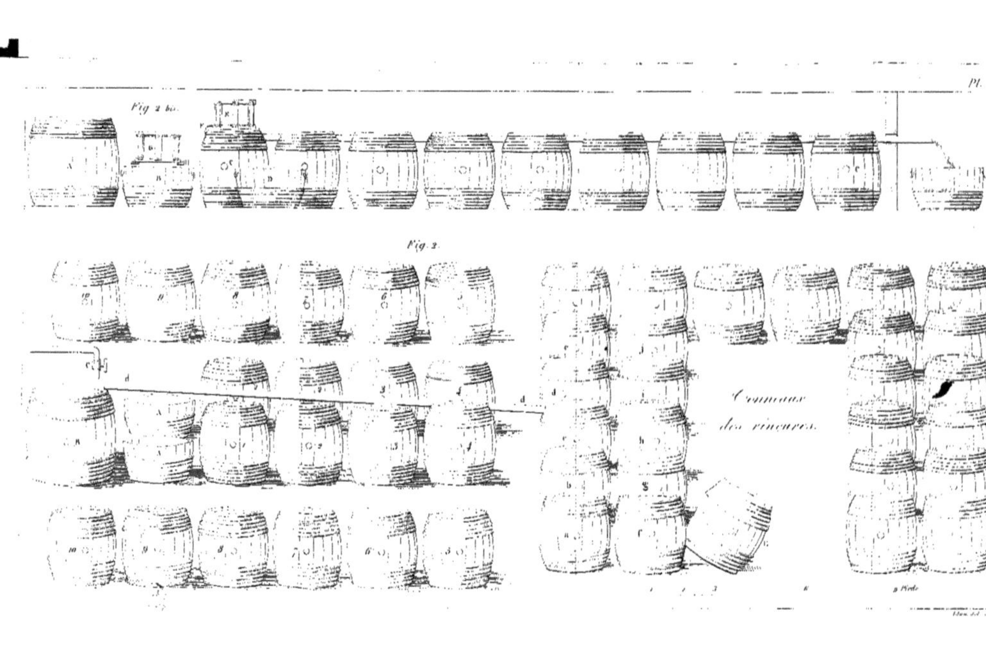
Pl. 2.
Fig. 2 bis.
Fig. 2.
Tonneaux
des rinceurs.

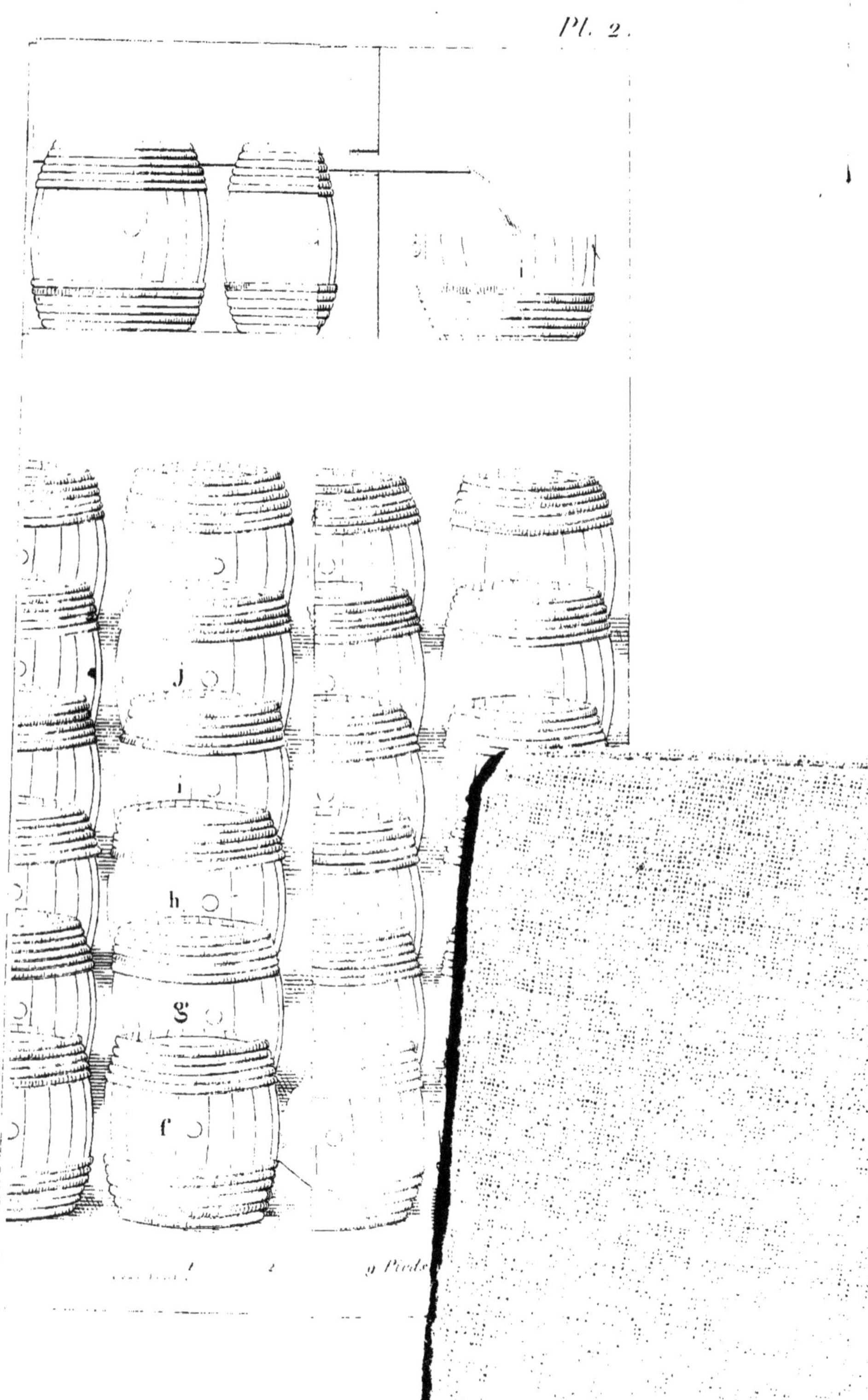
Pl. 2.
j
i
h
g
f
1
2
Pieds

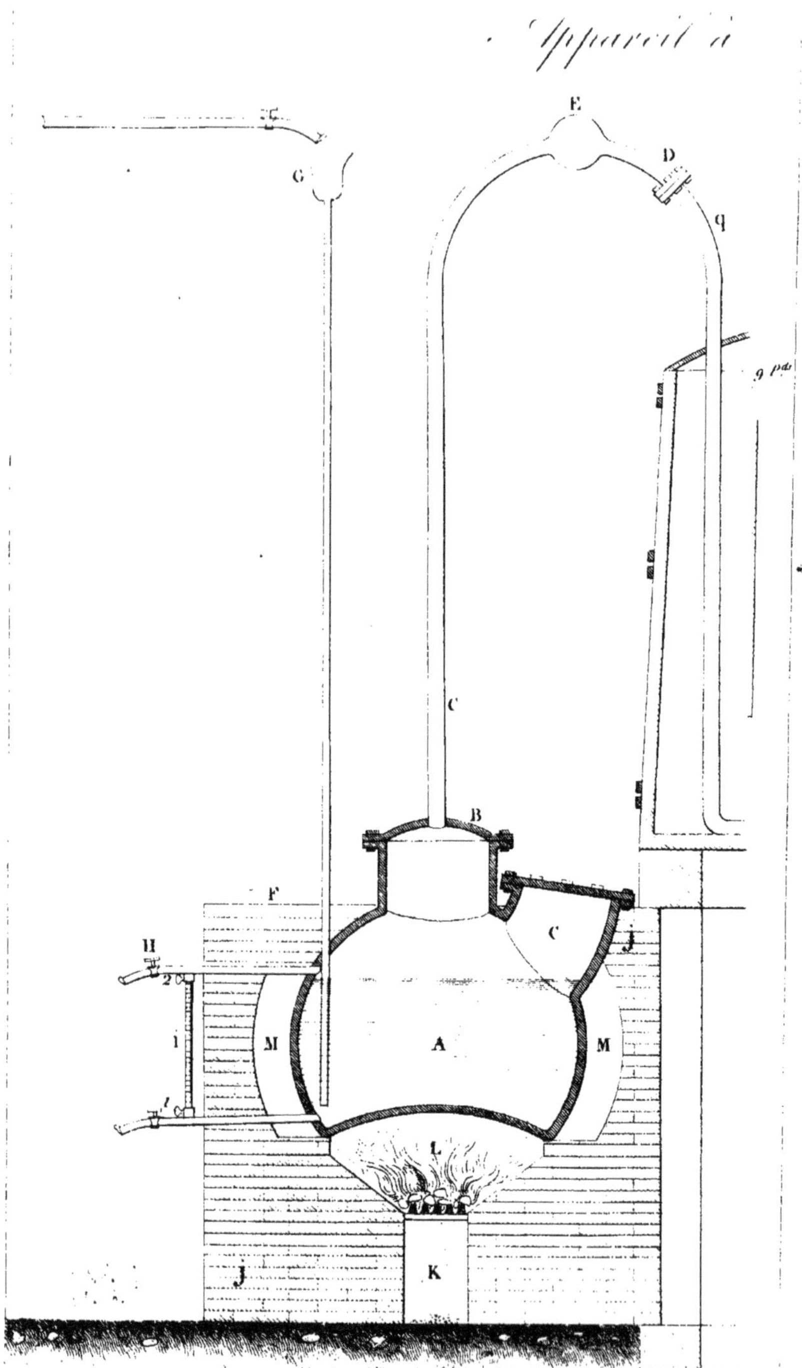
Appareil à
E
D
G
q
9 Pds
C
B
F
C
H
J
2
1
M
A
M
1
L
K
J

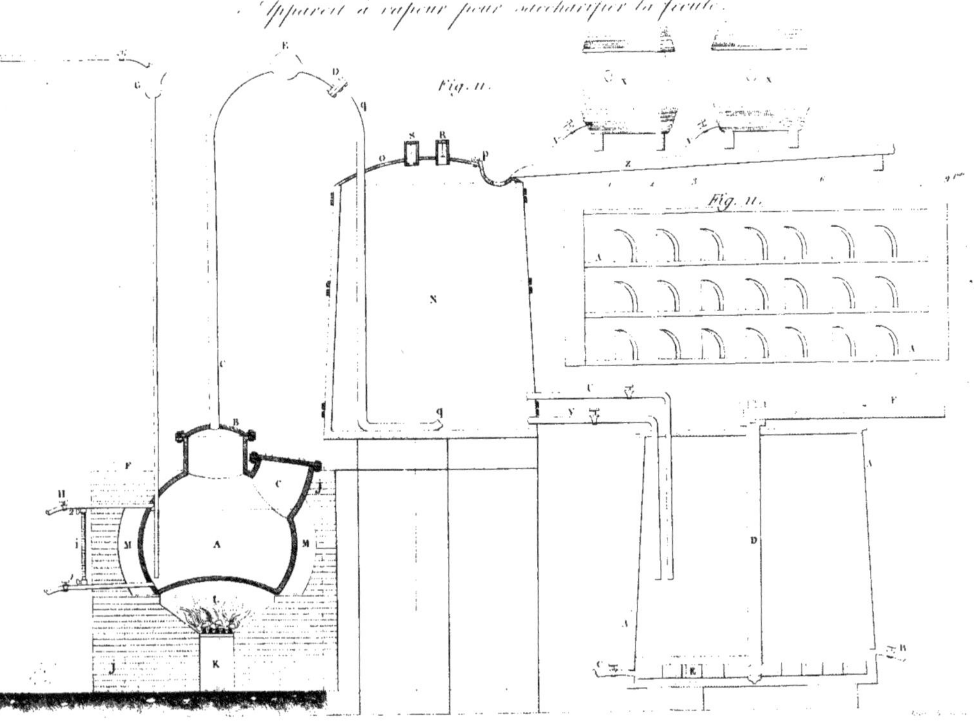

Appareil à vapeur pour saccharifier la fécule.

www.ingramcontent.com/pod-product-compliance
Ingram Content Group UK Ltd.
Pitfield, Milton Keynes, MK11 3LW, UK
UKHW021150260726
13994UKWH00001B/378

9 782329 415017